中美蔬菜
市场分析研究

◎ 张 晶 著

中国农业科学技术出版社

图书在版编目（CIP）数据

中美蔬菜市场分析研究 / 张晶著 . — 北京：
中国农业科学技术出版社，2017.12
ISBN 978-7-5116-3292-0

Ⅰ . ①中… Ⅱ . ①张… Ⅲ . ①蔬菜 – 消费 – 对比研
究 – 中国、美国 Ⅳ . ① F762.3

中国版本图书馆 CIP 数据核字（2017）第 251883 号

责任编辑 李冠桥
责任校对 马广洋

出 版 者 中国农业科学技术出版社
北京市中关村南大街 12 号 邮编：100081
电 话 （010）82109705（编辑室）（010）82109702（发行部）
（010）82109709（读者服务部）
传 真 （010）82106625
网 址 http : //www.castp.cn
经 销 者 各地新华书店
印 刷 者 北京富泰印刷有限责任公司
开 本 710mm × 1 000mm 1 /16
印 张 8.5
字 数 134 千字
版 次 2017 年 12 月第 1 版 2017 年 12 月第 1 次印刷
定 价 36.00 元

◄━━◆ 版权所有·侵权必究 ◆━━►

内容简介

我国是世界上最大的蔬菜生产国和消费国，蔬菜是国人日常饮食中必不可少的食物。多年来，我国蔬菜生产一直保持稳定发展，2016年蔬菜种植面积达到2 200万公顷，比1990年增加了2倍多。但是从资源的保障条件和消费者的需求来看，我国蔬菜生产发展面临的困难和问题仍然很多，资源约束越来越大，消费者对蔬菜品质的要求越来越高，绿色蔬菜、有机蔬菜等高品质蔬菜受市场欢迎程度日益增加，蔬菜市场价格的稳定也越来越难，蔬菜产业亟待实现由数量向质量转型，这些问题都直接影响居民饮食结构的优化，制约着人们生活水平的提升。此外，蔬菜产业还是农业的重要组成部分，是除粮食作物外栽培面积最广、经济地位最重要的作物，对农业结构的调整、增加农民收入都有重要意义。面对蔬菜消费需求的刚性增长趋势和产业发展中的诸多问题，保障蔬菜稳定供给任务依然艰巨。

基于此，本研究系统地总结了中国、美国的消费模式，借助计量经济学的方法从"文化适应"角度出发，比较分析了中美蔬菜市场的消费需求和消费行为，借鉴美国蔬菜产业的发展经验，对中国蔬菜产业如何实现品质突破，促进科技创新能力提升，提出可供参考的建议。

本书主要研究结论概括如下。

第一，中美消费模式存在明显的差异。美国是高收入—高消费—低储蓄的消费模式，甚至发展成为透支消费。金融危机爆发后居民家庭财产缩水，负债消费模式难以为继，逐步减少了享乐型消费的开支，更加注重食品、住房和医疗等基本生活的保障型消费，储蓄率有所回升。由于美国信用市场的根基并未被动摇，消费驱动的经济增长方式没有改变，美国居民仍通过各种投资金融工具来降低储蓄率并满足其消费需求。相比之下，中国是高储蓄谨慎保守型消费模式，城镇和农村居民家庭可支配收入不断上升，居民储蓄余额节节攀升，但居民消费水平的增长低于同期经济的增长速度，导致居民消费率呈下降趋势，城乡间的消费差距越来越大。从消费结构上看中国居民享受型消费和发展型消费的增长与世界的同步性逐渐增加。

第二，美国蔬菜市场消费者融合度更高，文化对蔬菜消费的影响十分明显，蔬菜生产标准化、品牌化程度高，蔬菜产业处于较高发展水平。引入"文化适应"理论，运用 Logistic 模型从语言、居住时间、民族认同和文化认同四个方面对西班牙语裔（墨西哥裔和波多黎各裔）消费者和亚裔（华裔和印度裔）消费者的蔬菜消费行为进行分析研究。结果表明，"文化适应"程度高低直接影响美国蔬菜产品的消费，制度距离增加了"文化适应"的难度。具体而言，高民族认同以及对本民族语言的依赖降低了消费者对蔬菜消费的意愿；对主流文化的高认同增加了蔬菜消费意愿；制度距离成为"文化适应"的障碍，加大了"文化适应"的难度，表现为制度距离越大，消费者在美国市场上消费蔬菜的意愿越低。消费者的学历和职业类型也决定了对健康有机蔬菜的消费倾向，而广告有明显促进消费的作用。

第三，中国蔬菜市场消费者融合度相对较低，文化对蔬菜消费的影响还不明显，蔬菜产业发展需要质的提升。运用 Logistics 模型检验"文化适应"和制度距离下，生活在中国的韩国、美国消费者的蔬菜消费行为，并与中国本土消费者对比，得出结论："文化适应"程度显著影响蔬菜消费行为，制度距离增加了"文化适应"难度。具体来说，民族语言、民族认同感不利于中国市场的蔬菜消费，中国文化的认同感对蔬菜消费的促进作用不明显。国家间的制度差距增加了"文化适应"的难度，制度差距越大，"文化适应"难度越大。与美国蔬菜市场对比后得出结论，我国蔬菜产业仍存在标准化生产滞后、品牌化程度低、有机蔬菜供给机制不健全、科技创新能力不强等问题，蔬菜产业发展尚需质的提升。

综上所述，借鉴美国蔬菜市场发现需求、引导消费、保障供给经验，我国应在稳定种植面积，加强集约化、标准化生产基础上，促进产销衔接、加快品牌培养，增强蔬菜产品的影响力，促进生产稳定发展。

前　言

蔬菜是我国重要的农产品，在居民日常生活中占据不可替代的地位。自20世纪90年代以来，我国就已经形成蔬菜的稳定需求，目前，全国蔬菜人均年消费量基本稳定在100kg以上。与其他国家不同，我国蔬菜需求主要集中于国内市场，出口量仅占总产量的1%，因此，如何保证国内蔬菜的供给，不仅关系国计民生，也是整个蔬菜产业健康发展的保障。随着生活质量的改善和质量安全事件备受关注，消费者日益重视蔬菜供给的品质和安全，对蔬菜质量提出了更高的要求，而国际交流加快使外来人口逐渐增多，中西交融的饮食方式日益走热，这种趋势造成消费者对蔬菜品质更加偏重，消费偏好也相应发生改变，使需求结构出现前所未有的变化，一些营养价值较高的蔬菜品种（如西红柿等）增长趋势较快，一些更符合东西方消费习惯的蔬菜品种（如西兰花、四季豆）增速十分明显。由此可见，中国蔬菜市场正处于前所未有的大变局中，如何保障蔬菜供给，关键是从蔬菜市场出发，分析研究消费习惯、需求结构等的变化，以此保障国内蔬菜产业健康发展。

与中国蔬菜市场类似，美国蔬菜市场也经历了从变化、交融再到稳定发展的过程。作为食品质量安全要求最严格和文化交融最频繁的国家之一，美国蔬菜消费市场的变化尤为明显，不同消费者对蔬菜需求表现出明显的差异，为研究我国蔬菜市场提供了可行的参照。同时，通过多年的探索，美国在蔬菜产业发展、市场运营模式探索、消费行为研究、质量安全管理等方面都形成了可供借鉴的经验，为分析我国蔬菜市场需求变化，保障蔬菜的供给，提供了比较丰富的经验。

基于此，本书以作者博士研究生期间针对美国蔬菜市场为期一年的实地跟踪访谈记录、问卷调查信息为基础，构建美国蔬菜市场分析研究框架。中国蔬菜市场研究部分，获得了中国人民大学张利庠教授国家社会科学基金重大课题"开放经济条件下完善我国农产品价格形成机制和调控机制研究——基于产业链联动优化的视角"（09&ZD044）的支持，对中国蔬菜生产、市场流通、销售环节进行了全产业链的跟踪调查和访谈，借助计量经济学 Logistics 模型方法对中美蔬菜市场的消费需求、消费行为作出深度的分析研究。最后，本书总结出中美蔬菜市场消费特点、供需变化、需求趋势，并借鉴美国蔬菜市场发现需求、引导消费、保障供给、质量管理的经验，对如何满足我国蔬菜消费需求，提升蔬菜消费品质和发展健康的蔬菜产业提出可供参考的建议。

　　本书在写作过程中，得到中国人民大学农业与农村发展学院张利庠教授和其他学院领导、老师的关怀和帮助，在后期修改完善过程中得到中国农业科学院农业信息研究所张峭研究员、赵俊晔研究员的悉心指导和修正，中国农业科学技术出版社的编辑们也为本书的校对和出版工作倾注了大量心血，在此一并致以诚挚的谢意！本书存在的不足之处，敬请各位学界专家和广大读者不吝批评指正。

张　晶

中国农业科学院农业信息研究所

2017 年 9 月

作者简介

　　张晶，2014 年毕业于中国人民大学，获管理学博士学位，同年进入中国农业科学院农业信息研究所工作，任助理研究员。主要研究方向为农业经济理论与政策、农产品价格、农业市场风险等。主持国家社会科学基金年度项目青年项目"东北地区'旱改水'机理和农业支持政策创新研究"（17CJY033），承担国家社会科学基金项目青年项目"生产要素流动视角下的城乡一体化发展机制研究"（16CJL024）子课题，多次参与国家发展和改革委员会、农业部、中国科学协会的课题研究，在《中国人口、资源与环境》《改革》《经济理论与经济管理》等期刊发表文章 10 余篇。

目　录

$1/$ 导 论

1.1 研究背景和意义

1.1.1 一个美国家庭的中国生活

郝梦（中文名字）8 年前从美国来到中国，最初在北京理工大学学习，后来认识了同样来自美国的小伙子郝帅（中文名字），两人结婚后到中国人民大学做了外籍英语老师，现在郝梦是两个孩子的妈妈，为了照顾孩子成了全职家庭主妇，而郝帅依然在高校从事英语教学工作。

谈起他们初来中国时的生活经历，两人纷纷笑了起来，由于中文不好，周围的朋友也以外国留学生居多，去超市购物成为生活中最困难的事情。他们谈起了第一次去"超市发"购物的经历，因为完全看不懂中文，在超市购物只能凭借商标上或者指示牌上仅有的几个英文单词来购买，不夸张地说，真的是需要买白糖，但是买回来的却是盐巴，做出来的东西难以下咽，结果两个人都倒掉了。美国人有喝牛奶的习惯，他们在中国买牛奶也遇到了麻烦，由于不清楚中国牛奶的包装和长相，他们就按照之前在美国买牛奶的经验挑选包装一样的，但每次买回来的都是酸奶。谈到生活中最重要的买菜做饭，他们都表示那可真是一门学问。起初为了方便，他们就在学校的菜市场买菜，郝梦说永远不能忘记第一次去菜市场买菜时的情景，菜摊上的西红柿、土豆都是脏的、带着泥巴，与美国超市里面的根本不一样，让她无法接受。随后他们决定去沃尔玛买菜，当他们看到沃尔玛的货架和货品时，亲切的感觉油然而生，但走到卖菜的地方还是犯难了，原来中国沃尔玛也和其他的中国超市一样，布局模式都差不多，菜品看着也差不多，质量还不如菜市场的新鲜，他们那时真正体会到必须让自己改变才能适应中国的生活。从此以后，他们决定学习中文，也增加了跟中国同学的交流，当然他们也从美国朋友那儿获得了一些在中国生活的窍门。经过了一年的努力，他们的生活发生了非常大的变化，基本适应而且喜欢上了北京，他们都表示近年来北京的外国人越来越多了，生活也越来越便利了。

现在当他们再说起在中国买菜做饭的事情，真的是充满自信和乐趣。郝梦说，她喜欢中国人的生活方式，现在中文也流利了，所以经常跟中国朋友交流去哪儿买新鲜的菜，在超市碰到看不懂的商品还可以请售货员帮忙介绍。现在他们跟大多数的中国人一样在中国超市和集贸市场买菜，为此还专门买了辆自行车，每隔两天就会去学校的菜市场买菜和水果，每到周末会去"超市发"大采购一回，买一周需要的面包、牛奶、麦片等食品和生活用品。郝梦还说，之前她的美国朋友告诉她在中国不要买生菜、草莓这类食品，因为农药残留多，如果洗不干净吃了很容易生病，但郝梦表示，他们并不介意这些，觉得中国人吃的东西自己和孩子们都可以吃，甚至一些在中国市场比较难买到的生活用品，他们也会选择类似的中国产品替代，比如麦片、烤面包用的苏打粉等。一是觉得真正的进口商品比较贵，不实惠；二是真心觉得中国的商品质量很好，用起来也比较方便。现在他们像中国人一样自己挑选散装的蔬菜后做蔬菜沙拉；在超市买面包粉和中国的苏打粉烤面包，早上泡中国麦片，虽然他们的长相跟中国人完全不同，文化传统也极不相似，但在中国的市场却购买几乎相同的产品，回到家里又过着有些不同的生活。他们说希望可以在中国一直生活下去，也让孩子们读中国的学校，学习中国的文化。

1.1.2　研究意义

郝帅和郝梦一家在中国的经历其实是每一个来到中国的外籍消费者的缩影，他们在中国购物的心理历程具有普遍性。随着中国成为全球经济最活跃的市场，世界各国居民纷纷移居中国，中国已经成为多元文化的汇集地，居民消费行为也不断受到本土文化和外来文化的冲击，逐渐显现出不同的行为特征。

一方面，就外籍消费者而言，他们要在中国生活就必须放弃自己文化的某些特质以接纳中国文化的传统和习惯。显然东西方文明在价值观、文化传统和生活理念上是存在明显差异的，甚至是共同受儒家文化影响的亚洲国家，由于地理位置、政治环境和社会制度等方面的差异，其各自的文化传统在价值取向和角色定位上也表现的大相径庭。当不同的文明交汇后，随着时间的推移，人的价值观和行为必然会发生一定的改变，除非对新的文化环境完全排斥，选择将自己与主流社会完全隔断，而这种情况在现实中是极为少见的。因此，郝帅和郝梦一家在中国的生活经历实质上是一个缓慢的"文化适应"过程，这是消费者在新的文化环境中逐渐接受东道国的主流文化但同时又保留本民族文化的重要特征，而导致的价值观、认知和行为的重塑过程。中美之间制度的巨大差距使得"文化适应"的难度加大，这也正成为了郝帅和郝梦一家最初在中国消费时屡次感到惊讶而不能适应的原因。另一方面，中国逐渐成为世界市场的一部分，满足不同国家消费者的消费需求，创建接纳多元文化的消费文明和消费环境，建设亲和、包容的中国文化软实力，是提升中国市场的消费需求、繁荣消费市场、促进经济发展的根本动力和源泉。

虽然近年来从制度和文化角度对消费行为的研究层出不穷，但郝帅和郝梦一家在消费行为中所反映出的文化因素，却包含了对其他民族文化的选择性接受和本民族核心文化保留和延续的过程，被学术界形象地称为"文化适应"（Berry，1970），它不能简单用一个虚拟的变量加以解释，反而包含了系统的理论体系，对它的研究有助于我们了解消费行为。而不同国家和地区间制度上的差异又成为"文化适应"过程中的障碍，使"文化适应"表现出超越二维状态（文化接纳或文化排斥）的复杂性，增加了研究的难度并提高了研究的理论价值。此外，"文化适应"过程和制度距离障碍已经成为当今多元文化社会中影响消费的关键因素，对它们的研究与繁荣中国的消费市场、提升中国文化的全球影响力有着直接的关系。纵观国内研究主要是基于经典的消费理论，研究文化、制度变迁与居民未来预期收入不确定性之间的关系，从储蓄率和消费率的变动来解释居民的消费行为，与本书的重合度较小。在当今多元文化交融的背景下，把握消费者行为的特点，提升不同文化背景消费者的消费意愿，才能更好的引导消费需求，真正繁荣中国的消费市场。

鉴于以上原因，本书从"文化适应"的角度，跨越国家间制度距离的障碍研究居民的消费行为，对理解宏观经济中的居民收入、储蓄和消费状况有重要实际意义，为改善中国市场多元文化背景下的消费环境、打造中国文化的软实力，在文化的引导下提升消费意愿提供实践的经验，同时在理论上从文化的角度为消费行为研究开辟了一条崭新的途径。

1.2　研究目标与研究内容

本书的研究目标是从"文化适应"的视角跨越国家间的制度距离分析消费者的购买行为，通过对比多元文化国家美国居民的消费特点，探索当前中国居民的蔬菜消费行为并为提升消费意愿、满足消费需求、保障有效供给提出建议。具体目标包括：① 弄清中国居民和美国居民的消费概况，比较跨国的消费模式差异。② 分析美国消费者如何通过"文化适应"跨越制度距离实现蔬菜消费，并总结消费行为的特点。③ 重点从"文化适应"和制度距离的角度研究中国居民蔬菜消费行为，总结消费行为的特点。④ 在借鉴美国市场消费经验的基础上，从中国居民消费行为的特点出发，提出改善蔬菜产品质量、完善公共服务和以文化引领消费需求的政策建议，提升中国蔬菜市场的消费水平。为了实现上述目标，着重研究以下几个方面的内容。

（1）中国和美国居民消费概况和农产品消费的描述性分析，比较跨国的消费模式差异，通过纵向历史对比和横向国际比较，对我国居民消费现状进行客观的评价。

（2）提出全书的理论基础，宏观上从影响消费倾向的主观因素——文化和制度的角度，研究长期内如何改变中国居民消费倾向递减的趋势，提升消费水平，微观理论是用个人文化价值观的直接测量方法来衡量群体的文化价值观。由此提出"文化适应"和制度距离与消费行为的 5 个假设：假设 1，对本民族语言的依赖越强，消费倾向就越低，而对东道国语言的适应能力越强则消费倾向越高；假设 2，居住时间与消费倾向呈正比，居住时间越长，居民的消费倾向越高；假设 3，消费者的民族认同越高"文化适应"越弱，将更加热衷本民族的产品的消费，而降低在东道国市场上消费的倾向；假设 4，主流文化的认同感对在东道国市场的消费行为起到一定的促进作用；假设 5，国家间制度距离的差异越大，文化的适应性就越弱，对消费行为的影响越大。

（3）以蔬菜消费为例分析美国消费者在"文化适应"和制度距离影响下的消费行为，对上文的假设进行检验。基于美国多元的消费环境采用 Logistic 模型分析"文化适应"和制度距离对美国西班牙语裔（墨西哥裔和波多黎各裔）、亚裔（华裔和印度裔）消费者在美国市场购买行为的影响。具体从"文化适应"的语言、新环境的居住时间、民族认同和文化认同 4 个变量以及制度距离变量研究其对购买行为的影响，对上文提出的 5 个假设进行检验，分析美国市场的消费者行为特点的文化原因。

（4）以蔬菜消费为例分析中国消费者在"文化适应"和制度影响下的购买行为。采用 Logistic 模型分析"文化适应"和"制度距离"对中国消费者以及在中国生活的韩国消费者和美国消费者购买行为的影响。具体从"文化适应"的语言、新环境的居住时间、民族认同和文化认同 4 个变量以及制度距离变量研究其对购买行为的影响，并对上文提出的 5 个假设进行检验，分析中国市场的消费者行为特点的文化原因。

（5）对比中国市场和美国市场消费行为的文化特点，从中国的实际状况出发，提出改善蔬菜产品品质、创建团结稳定的内部生活环境、完善多元文化下的公共服务以及创建中国文化软实力的政策建议，提升中国市场的消费意愿，保障蔬菜供给。

1.3　研究思路与研究方法

本书的研究思路是，首先对中国和美国居民的消费概况和农产品消费结构进行描述性分析，通过对中美消费模式的比较，弄清中国市场的消费现状，指出目前中国消费存在的主要问题就是储蓄率高而消费需求不旺。从凯恩斯的消费理论出发，提出长期内从文化和制度的角度提升消费倾向的理论，并给出用个人文化价值观的直接测量方法来衡量群体的文化价值观的研究方法，得到"文化适应"和制度距离与消费行为之间的 5 个假设。以"文化适应"和制度距离为自变量，以蔬菜的消费为例，采用调研取得的美国市场和中国市场的消费数据，运用 Logistic 模型分别检验美国市场（包括西班牙语裔消费者和亚裔消费者）和中国市场（在中国生活的韩国和美国消费者）的消费者购买行为，并对上文提出的假设进行验证。最后，对比中国市场和美国市场消费行为的文化特点，从中国消费市场的实际状况出发，提出改善蔬菜产品品质、创建团结稳定的内部生活环境、完善多元文化下的公共服务和建设中国文化软实力的政策建议，满足中国市场的蔬菜消费需求，促进产业发展。具体的研究思路如图 1-1 所示。

本研究是关于消费行为理论的拓展实证研究，因此消费理论，主要是凯恩斯的边际倾向递减理论是本书的理论基础，收入决定理论、生命周期理论、预防性储蓄理论等是本书重要的理论依据。在研究中主要运用经验归纳和理论演绎的理论和实证相结合的方法，其中包含描述性分析、对比分析、经验研究和案例分析。描述性分析主要用于说明中国与美国的消费概况和农产品消费情况；对比分析主要是从中国和美国的消费概况和农产品消费情况总结两国的消费模式的差异，分析中国消费面临的问题，以及通过实证检验对两国的消费特点的文化原因进行解释，探索"文化适应"和制度对消费行为的影响。经验研究是把"文化适应"和制度距离作为自变量，运用 Logistic 模型，以蔬菜消费为例分别研究其对中美两国居民消费行为的影响。案例研究主要是以美国居民郝帅和郝梦一家在中国生活的经历作为本书的背景引出全书的主题，并揭示"文化适应"的概念以及在制度距离的障碍下对消费行为的影响给出一个的直观的描述。

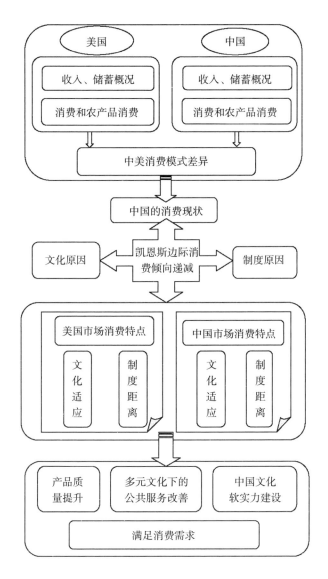

图 1-1 本书的概念框架

1.4 数据来源

本研究所使用的公开数据包括《中国统计年鉴 2013》《新中国六十年统计年鉴汇编》《中国农村统计年鉴 2013》、国家统计局、中经网数据库、美国农业部（http://www.usda.gov）、美国商务部经济分析局（http://bea.gov/）、美联储的经济数据（Federal Reserve）、联合国粮农组织统计数据库（http://faostat.fao.org/）、Hofstede 制度距离网站（http://www.geerthofstede.nl/research--vsm）、体制档案数据库（http://www.cepii.fr/anglaisgraph/bdd/form_ instit/institutions.asp）。

调研数据主要由两部分组成：美国市场的数据来源于 2011 年 3 月到 10 月美国东海岸 16 个州西班牙语裔消费者和亚裔消费者的调研数据；中国市场的调研数据来源于 2013 年 7 月到 9 月在北京市和山东省对中国消费者、在中国生活的韩国和美国消费者的调研数据的汇总和整理。

1.5　创新点

本书从"文化适应"和制度距离的角度研究多元文化的背景下居民的消费行为，跳出了"文化和制度变迁对消费者预期的影响"的研究框架，为消费者行为研究提供一条新的途径。同时本书在研究结论的基础上提出从文化角度培育消费需求的构想并给出了建设中国文化软实力的政策建议，是对提升中国消费需求的相关研究在结论上的创新和有益补充。此外，本书还将制度距离引入到消费者行为研究中，作为影响"文化适应"程度的变量，具有一定的创新性。

本书在研究中将中国的收入、储蓄和消费概况以及消费行为的文化特点与美国市场进行了全方位的对比，为从文化的角度提升中国的消费需求提供了经验借鉴，为本书的尝试之一。

本书在中国和美国消费模式的实证研究中，使用了大量的微观数据，其中既包括了国外市场上多民族消费者的消费数据，也包括了中国不同文化背景的消费者数据，具有数据上的独创性。

2 / 文献综述

　　纵观国内外研究消费行为的文献，实证研究方法大致可以分为两类，即经验归纳法和理论演绎法。所谓经验归纳法是试验性地给出决定消费行为的相关变量，然后运用计量方法估计出各解释变量的系数，并对估计结果进行统计检验；理论演绎法则是从某个经典的理论框架出发，加入中国社会的某些特有制度，然后推导出创新的理论模型，并通过现实的数据进行检验和论证。本书从"文化适应"和制度距离角度对消费行为进行研究，同时吸收了两种研究方法的特点，以消费理论中消费行为的影响因素作为理论基础，把"文化适应"和制度距离作为影响消费行为的重要外部因素加以研究，并且提供中国和美国的实际消费数据进行实证检验。因此，文献综述部分结构如下。

　　第一部分是对国外经典消费函数理论的 3 个研究阶段进行回顾并介绍国内的主要研究成果；第二部分是概括国内外学者对消费倾向影响因素的研究成果，为本书实证研究奠定理论基础；第三部分是关于文化与居民消费行为研究的相关理论和经验文献；第四部分是关于制度与居民消费行为的理论和经验文献；第五部分是对前四部分的研究结论进行总结并提出本书的研究方向。

2.1 消费理论的相关研究

2.1.1 国外消费理论的 3 个研究阶段

自 20 世纪 30 年代起消费理论就更多的关注经济活动中消费是如何决定的这一问题。在这个问题的研究上逐渐经历了以下 3 个阶段。第一个阶段是 20 世纪 30 年代中期到 50 年代中期，以凯恩斯的绝对收入假说和杜森贝里的相对收入假说为主要代表；第二阶段为 20 世纪 50 年代到 70 年代，以弗里德曼的持久收入假说和莫迪利亚尼的生命周期假说为主要代表；第三阶段为 20 世纪 70 年代至今，以随机游走假说、预防性储蓄假说、流动性约束假说、缓冲存货假说等为主要代表。

（1）第一阶段。该阶段消费理论的研究是在凯恩斯经济学的静态分析框架下，研究消费支出和收入的关系。

凯恩斯（1936）消费和储蓄理论的核心是储蓄和消费取决于可支配收入。凯恩斯在《就业、利息和货币通论》中首次将消费和收入之间的关系定义为"消费倾向"，并提出了绝对收入假说，把实际收入作为决定消费的主要因素。他认为在短期内，影响个人收入的主观因素较为稳定，消费主要取决于现期收入水平。随着收入的增加，人们的消费支出也会相应增加，但消费增加的幅度小于收入增长幅度，即边际消费倾向递减规律，也就是随着收入的增加，消费者不是把更多的钱用于消费而是用于储蓄，个人消费函数可以表示为：

$$C_t = \alpha + \beta Y_t + \mu$$

其中，C_t 为 t 期的消费支出，常数项 α 表示自发性消费支出，为消费者 Y_t 期的可支配收入，β 为边际消费倾向，且 $0 < \beta < 1$，μ 为误差项。凯恩斯最大的贡献就是提出了著名的"边际消费倾向递减规律"，即 Y_t 越高，β 越小，β 是递减的。凯恩斯的消费函数理论首次从宏观经济学角度将消费支出与收入水平联系起来，为以后消费函数的研究和发展指引了方向。

杜森贝里（1949）在《收入、储蓄和消费者行为理论》中提出了"相对收入假说"，把相对收入，即在洛伦兹曲线上的位置，作为决定消费倾向的主要因素，在对消费倾向的分析中引入了社会因素和心理因素。他把相对收入定义为：消费除了受到当前自身收入的影响，一方面，受到周围人消费与收入关系的影响，主要是其他同等收入家庭的影响，表现出模仿和攀比，被称为消费的"示范效应"；另一方面，消费还受到过去消费和收入水平的影响表现出不可逆性，即消费的"棘轮效应"。当家庭收入发生变化时，家庭宁愿改变储蓄以维持消费稳定，即所谓的"由奢入俭难"。相对收入假说的消费函数可以表示为：

$$C_t = \alpha + \beta_0 Y_t + \beta_1 C_{t-1} + \mu$$

其中，C_t 为 t 期消费支出，常数项 α 为不依赖于收入的自发性消费支出，Y_t 为 t 期可支配收入，β_0 为 t 期可支配收入的边际消费倾向，C_{t-1} 为 $t-1$ 的消费支出，β_1 为 $t-1$ 期的边际消费倾向，μ 为误差项。

相对收入假说以一种新的角度来考虑收入与储蓄和消费的关系，即收入在消费和储蓄之间的分配取决于消费者的相对收入而不是绝对收入，为以后在人一生时间内的预算约束下研究消费行为奠定了基础。

（2）第二阶段。此时消费理论的研究是在新古典经济学的理论框架内，引入消费者行为研究的效用最大化理论，并以此作为微观基础，强调居民的最优消费决策行为具有前瞻性。该阶段以 Modigliani 的生命周期假说和 Friedman 的持久收入假说为代表。

弗里德曼（1957）在《消费函数理论》中提出了持久收入假说。他认为，消费行为的目的是为了增加效用，必须在消费者效用最大化的基础上建立消费函数。而一个理性的消费者不仅会根据现期收入，还会根据其一生的总收入来决定一生的总消费，这样才能达到长期的效用最大化。根据影响因素所具有的时间尺度，弗里德曼把消费者的实际收入分为持久收入和暂时收入两部分，并把实际消费分为持久消费和暂时消费。

持久收入假说认为，人们的消费与收入呈比例关系，暂时消费由暂时收入决定，但之间没有固定的比例关系，暂时性收入的储蓄倾向较高，而持久消费取决于持久收入并与之存在长期的比例关系，该比例受利率、非人力财富与收入的比率、影响消费者当前消费和积累资产偏好的其他因素、消费者年龄、种族、国籍、文化等因素影响，由此长期消费倾向并不一定存在递减的规律性，而可能会发生不规则变化。消费函数形式可以表示为：

$$C_t = \alpha + \beta_0 Y_p + \beta_1 C_t + \mu$$

其中，C_t 为现期消费支出，α 为不依赖于收入的自发性消费，Y_p 为持久收入，β_0 为持久收入的边际消费倾向，Y_t 为暂时收入，β_1 为暂时收入的边际消费倾向，μ 为误差项。

美国经济学家莫迪里安尼和布鲁贝格（1954）将消费和储蓄视为收入在时间维度上的理性配置过程，提出了跨期预算约束的概念。生命周期假说以效用最大化原则来使用一生的收入，安排消费和储蓄的比例，因此消费取决于消费者一生的收入，而不是取决于其现期收入，由此，个人边际消费倾向与收入无关但与年龄有关，即消费由个体年龄、收入期望和初始资产所共同决定。消费者一生中各期消费支出流量的现值等于各期期望收入流的现值，消费行为表现出明显的"前瞻性"。而储蓄主要是应对收支不平，为短期重大收入变化提供缓冲和为长期退休做准备，收入中用于储蓄的比例（平均消费倾向）在所有收入水平上基本都是一样的，收入消费比例主要取决于收入增长的相对速度。生命周期假说的消费函数模型可以表示为：

$$C_t = \beta Y_f$$

其中，C_t 为现期消费支出，Y_f 为未来收入的现值，β 为边际消费倾向。

弗里德曼永久性收入假说与莫迪利亚尼生命周期假说、凯恩斯和杜森贝里消费假说相比，都是在新古典框架下实现跨期效用最大化的"前瞻性"消费；强调收入预期的作用，尤其是在不确定性条件下风险预期和规避风险行为长期化；都要求不存在流动性约束。但生命周期假说强调储蓄动机，消费者把一生资源进行最优配置，而永久性收入假说强调未来收入预期的对消费行为的影响。

（3）第三阶段。从 20 世纪 70 年代末开始，受到理性预期理论的影响，Hall（1978）认为消费服从随机游走，由此提出了随机游走假说，并把边际消费倾向的变化描述成为单变量的一阶马尔可夫过程，形成了理性预期生命周期假说，它成为继收入假说和生命周期假说以来消费函数研究领域最重要的成果。由于理性预期生命周期假说将消费者的消费轨迹看成是一个随机游走的过程，认为除了本期消费外，与滞后的收入变量无关，从而严重背离了传统的消费理论，受到广泛的质疑。

随后 Leland（1968）等人提出的预防性储蓄假说，他们认为当预期未来收入不确定时，消费者会采取增加储蓄的方式以应对收入不确定带来的风险，这时消费者储蓄的目的不仅是为了在生命周期的各个阶段均匀地进行消费，更重要的是为预防不确定性事件的发生。预防性储蓄假说将未来预期的不确定性引入分析框架，在理性预期思想的基础上，对居民跨时期的优化选择行为进行研究，在一定程度上弥补了随机游走假说的缺陷，是对生命周期假说和持久收入假说的重要拓展。

Deaton（1991）等人认为，当收入下降时往往存在不能自由借款的情况，从而提出了流动性约束假说，成为生命周期理论的现代形式。由于存在流动性约束，消费者会对可预测收入的变化"过度敏感"，从而增加了即期收入对即期消费的影响。与无流动性约束时相比，消费者的消费更低。即使消费者当期不受流动性约束，但预期在未来也可能要受到流动性约束，同样会导致即期消费的下降。因此，流动性约束的存在，使消费者通过储蓄来防范未来收入下降引发的不确定性。从某种程度上看，流动性约束的存在解释了消费者的预防性储蓄动机，但流动性约束假说重在强调消费对于收入的直接反应，而预防性储蓄假说则着重考虑未来收入在某种程度上的可贴现性。

2.1.2 我国消费理论研究

在西方消费理论的基础上，我国学者开始对如何有效的描述我国居民的消费特征以及消费对经济运行的作用进行探索。其研究方法可以概括为理论演绎法和经验归纳法，本小节就这两个领域内的国内研究成果进行梳理。

（1）理论演绎。减旭恒（1994）检验了新古典理论框架下的消费函数和生命周期函数在中国的适用性，他认为由于消费者行为受到外部环境中流动性约束和预算约束的影响，其在中国的可适用性表现出不同。他通过中国1952—1991年的数据证明，1978年以后中国居民的消费行为可以用持久收入和生命周期消费函数解释，但理性预期消费函数的可应用性较小。

李晓西（1998）从西方现代消费理论出发分析了我国转轨经济中的消费行为并提出了转轨期我国居民消费行为的特点：制度变迁导致了收支不稳定，市场体制改革使得消费失态，信用制度不健全造成流动性约束，中国居民正处于生命周期特殊阶段。

王军（2001）以相对收入假说、持久收入假说和生命周期假说作为理论基础建立了3个中国消费函数的模型，并运用中国1980—1998年间的数据对模型进行论证，得出模型与中国现实情况之间存在矛盾，其中，理性预期生命周期假说对外部环境的设定与中国市场环境的约束性假设不一致；生命周期假说和持久收入假说对消费者行为的内在设定可用于中国消费者行为"有限理性"的设定。他认为在理论运用时应该加入了中国转轨期制度变迁导致的消费行为特点，如未来收支的预期不确定性、消费者有限理性和市场环境约束，建立符合中国微观基础的消费函数模型。

万广华（2001）以霍尔（Hall）的消费函数及其扩展模型作为理论基础，运用中国1961—1998年间数据分析了中国居民消费行为演变的影响因素。实证研究表明，流动性约束、不确定性以及两者间的相互作用在中国居民消费行为发生结构性转变中最有解释力，导致了居民消费水平和消费增长率同时下降。

（2）经验归纳。由于我国经济社会处于转轨期因而在资本市场不完善、消费信贷不发达、经济市场化程度低、制度转轨过程中不确定性强，我国居民消费行为具有自身的独特性。目前国外的传统消费理论应用于我国有一定的局限性，无法完全说明中国消费行为的特征，国内学者通过经验归纳试图建立中国的消费模型。

余永定、李军（2000）认为我国居民消费行为并不像西方经典消费函数理论描述的那样以时间为跨度寻求效用最大化，而是存在"短视"行为，消费者阶段性的安排消费支出，在生命的不同阶段存在特定的消费高峰以及相应的储蓄目标。据此，他们以消费者选择理论为基础建立了符合中国国情的居民宏观消费函数，并用 1978—1998 年的中国统计年鉴数据对函数进行了估计。叶海云（2000）以"短期储蓄目标"作为影响中国居民消费行为的因素，建立了"短视消费模型"，讨论了居民的短期储蓄目标与边际消费倾向之间的关系，从"短视"行为和流动性约束解释了我国消费疲软的根本原因。

金晓彤和杨晓东（2004）研究了经济转轨期居民消费行为特点，提出中国居民消费行为变异"假说"，认为制度变迁使得中国居民表现出以有独立收入为前提来安排自己的消费，消费行为表现出间歇式和周期性波动的特点。杜海韬等（2005）利用引入预期收入增长的对数线性欧拉方程和二阶泰勒近似的欧拉方程对我国消费函数的估测和解释做出尝试，利用我国 1978—2002 年城乡消费和收入数据进行了检验，结果证明，流动性约束和不确定性之间存在替代关系，二者都会产生预防性收入，"缓冲存货"储蓄模型能够较好地解释我国城乡居民的消费行为，而城镇居民比农村居民具有更强的预防性储蓄动机。沈晓栋和赵卫亚（2005）认为传统的计量经济模型无法解释我国城镇居民消费行为在不同时期存在显著的差异，将非参数估计理论引入到回归模型中，对我国城镇居民可支配收入及消费支出之间的关系进行比较研究，并且通过研究消费支出与可支配收入的弹性系数及时变的边际消费倾向，刻画了我国城镇居民消费与可支配收入在不同时期的动态关系。魏尚进与张晓波（2011）认为中国较高且持续上升的居民储蓄率很难用生命周期、预防性储蓄动机等传统理论加以解释，提出了新的竞争性储蓄动机的研究框架，即随着性别比例失调加剧，中国父母为了增强儿子在婚姻市场上的竞争力而增加储蓄通过 1990—2007 年间居民储蓄率实际增长对上述观点进行了论证。

2.2　消费倾向的影响因素

西方消费行为理论特别强调收入对消费的影响，但在研究中也指出消费倾向研究的重要性并认为其受到多个因素的影响。事实上，收入仅是消费的必要条件，最根本上居民的消费行为是由消费倾向完成的，而消费倾向的高低不仅受经济因素的影响，而且还要受到社会因素的影响，这些社会因素包括经济制度与经济组织、社会习俗、道德观念、宗教信仰、种族、教育背景、过去的经验和现在的希望、社会财富分配制度，等等。在以上诸多因素的影响下，导致不同社会制度和文化背景的居民的消费行为大相径庭。就影响消费倾向的不同的因素国内外学者也进行了不同程度和不同角度的研究，透视居民消费倾向的影响因素，才能对居民的消费行为给出完全的解释。

甘正中（1987）强调除收入外还有其他因素对消费者在当前和未来消费之间进行选择产生影响，主要表现为消费时间偏好、市场利率（贴现率）、社会人口、消费者年龄、家庭结构、文化教育水平、过去消费水平、消费习惯、对未来收入预期、对不确定性的判断、安全感、周围社会的消费水平等。陈利平（2005）指出造成中国消费倾向下降的原因是多方面的，包括公众对未来收入或消费的不确定预期、社会保障体制、流动性约束和收入分配差距等。方福前（2009）根据国内外学者的研究将影响我国居民消费倾向的原因概括为：居民间收入差距过大；中国特有的历史文化原因所形成的消费行为特点；教育、医疗和住房体制改革等中国福利制度改革带来的对未来的悲观预期；消费结构升级造成的影响；中国信用环境的发展滞后等。

国内外学者对中国居民消费倾向变化的原因进行了大量的讨论，余永定、李军（2000）和万广华（2002）的分析表明货币政策通过利率对居民的消费倾向产生影响。中国居民收入差距扩大导致中低收入消费者的消费支出能力有限，而高收入消费者的消费倾向下降，从而使居民整体消费倾向下降（李实等，1999；刘文斌，2000；朱国林等，2002；袁志刚，2002；吴易风，钱敏泽，2004；杭斌，申春兰，2004；杨汝岱，朱诗娥，2007；马骊，孙敬水，2008）。人口年龄结构对中国的储蓄率和消费率都有影响，贺菊煌（2000，2002）、Modigliani 和 Cao（2004），袁志刚和宋铮（2000），王德文、蔡昉和张学辉（2004），王金营和付秀彬（2006），Xiujian Peng（2008）分别从人口年龄结构变化、人口老龄化和人口抚养比等方面证明了人口年龄结构提高了居民储蓄率，使消费水平下降。许永兵（2000）、谢平（2000）和施雯（2005）认为转轨期医疗、就业、教育、住房、养老制度的变迁强化了公众未来支出增加的预期，而福利制度改革的长期性影响引起了储蓄倾向的提高，归根结底这些变迁的影响都通过流动性约束和预防性储蓄得到体现。戴园晨和吴诗芬（2001），史献辞和宗刚（2005）、樊潇彦、袁志刚和万广华（2007）从劳动力市场社会保障体系建设和税收制度改革等多角度对消费倾向的影响进行了论证，认为其增加了城乡居民的收入不确定性风险，抑制了消费。学者们对预防性储蓄和流动性约束的研究，是消费倾向影响研究的重要方面，其中宋铮（1999）、袁志刚和刘建国（1999）、万广华（2003）、郭英彤（2004）、陈学斌（2005）、刘兆博（2007）以不确定性为解释变量衡量了对储蓄率的影响，结论肯定了不确定性使得居民的预防性收入增加。龙志和（2000）、施建淮（2004）、杜海韬（2005）、罗楚亮（2006）和易行建（2008）通过估计消费者谨慎系数作为不确定性的衡量指标研究其对预防性储蓄的影响。Flavin（1995）、李晓西（1998）、叶海云（2000）、张茵和万光华（2001）、刘金全（2003）从流动性约束对消费倾向的影响进行了研究，认为我国当前的流动性约束太强，流动性约束型消费者所占比重的上升以及不确定性的增大，造成了中国目前的低消费增长和内需不足。中国的社会习俗、道德习惯、文化传统和家庭伦理也解释了我国居民高储蓄和低消费的倾向（刘建国，1999；贾良定，2001；龙志和、王晓辉、孙艳，2002；黄少安，2005；齐福全、王志伟，2007；艾春荣等，2008）。此外，学者们还从中国的财政和货币政策（刘方域，1999；刘伟，2004；刘伟，蔡志洲，2008）、供给结构（黄泰炎，1993，2010）、居民对消费的认识（刘尚希，2011）等方面分析消费倾向的影响因素。

2.3　影响消费行为的因素：文化和制度

居民的消费倾向是既定收入水平下消费决策的结果，居民消费行为的研究必须从研究居民的消费倾向入手，因此，影响消费倾向的因素也是影响消费行为的关键因素。上一节我们就国内外学者关于消费倾向主要影响因素的相关文献进行了梳理，本节我们主要从文化和制度的角度，研究其与消费行为的关系。

2.3.1　文化对消费行为的影响

文化是影响消费行为的重要"非市场"因素。人们购买的消费品蕴含了一定文化内涵，这个内涵超越了功利主义特性和商业价值（McCracken，1986），它反映了消费者的文化归属和消费准则，形成了消费的偏好和态度，并且显著影响消费者的行为（Hall，1977；McCracken，1988；Clark，1990；Cleveland和Laroche，2007）。

（1）中国文化的"民族性"与消费行为。几千年的历史传统和文化积淀凝练出了中华民族共同遵守的价值取向、生活习惯和道德标准，使得中国人在消费中注重"礼尚往来"，讲究面子；非常注重家庭观念，"根文化"根深蒂固；具有"集体主义价值观"，强调团体和谐与相互依赖，由此形成了消费者对群体价值的追求，产生"从众型"的消费行为；注重储蓄，崇尚节俭消费；等级制度森严，所谓"父子有亲，君臣有义，夫妇有别，长幼有序，朋友有信"等，形成了具有中国特色的"民族性"文化。中国文化的"民族性"长久地影响着本书化群体成员的态度和行为，使其在消费的理念、价值观、习惯上表现共性，从而形成中国消费者独有的消费模式，与西方分消费模式形成差异。

赵志君（1996）认为根深蒂固的儒家文化的影响使我国居民形成了很强的家庭观念，居民进行消费决策时除了考虑同代人的利益，还考虑上下代尤其是后辈人的利益，因此，他将家庭看作是生命无限期的消费单位，把生产、分配和消费过程联系起来考。Modigliani（1963）的消费者预期假设为适应性预期，最后推导出了生命无限期的消费函数。贺菊煌（1998）运用Modigliani的生命周期假说测算了导致中国居民与美国居民储蓄率差异的原因，其结论表明中美两国文化传统和有关制度的差异是造成储蓄率差异的主要原因，占到58%，而大约42%可以由两国居民收入增长率的差异加以解释。消费文化导致了消费行为的国别差异，Briley（2000）、Harbaugh（2003）从文化差异的视角检验了东西方不同国家消费者的购买行为，并认为文化的影响是动态的认知状态而非概念化的意向。贾良定和陈秋霖（2001）研究了无消费信贷和有消费信贷条件下消费者的消费行为，认为中国的消费行为表现出收入、信贷和文化三种效应，信贷效应和文化观念密不可分，应该促进中国文化的改变，在提倡节俭的同时倡导小康文化。张梦霞和Jolibert（2000）研究了中国传统文化儒家、道家、佛家文化价值观对中国消费者化妆品购买行为的影响，并创建了儒家、道家和佛家文化价值观度量量表CVS，是目前被众多学者引用并且唯一经过统计分析验证的中国传统文化价值观量表。他们在文中指出儒、释、道三者文化价值观的属性特征依次表现为社会属性、自然属性和实用属性。张梦霞（2005）构建了基于儒家文化价值观动因的消费者购买行为分析模型，通过主成分分析法对象征型购买行为进行了实证分析，结果表明儒家文化价值观是影响消费者购买行为的重要动因并且消费者的儒家文化价值观特征越显著越倾向于购买象征性商品。黄少安、孙涛（2005）考虑了东方文化背景下中国消费行为的特点，认为消费者在社会习俗、儒家伦理观念、传统文化等非正规制度影响下，表现出对上代人的赠予和对下代人的遗赠行为以及追求财富以彰显社会地位的偏好，因此沿用代际交叠模型并在经济主体的效用函数中引入了收入转移和财富存量，重新构建了消费函数，以此解释我国的高储蓄率现象。艾春荣和汪伟（2008）从内部习惯偏好的消费函数出发，运用1995—2005年的省际面板数据进行实证，对Campbell和Mankiw的模型做了改进，在影响消费增长率的各种因素中允许观测不到的各省的文化、资源、居民的节俭习惯等与解释变量相关，结果表明城镇和农村居民的消费变动都呈现出对预期收入变动的过度敏感，具有较强的预防性消费动机。何佳讯（2012）从反代际角度对消费行为的研究表明，家庭关系对消费行为有显著的影响。儒家对个人价值观要求是"宁俭勿奢，惠而不费"，主张节俭，反对过度消费，这在一定程度上对消费起到了抑制作用。

（2）文化融合对消费行为的影响。随着经济活动全球化的发展，越来越多具有共性特征的文化物质被不同国家、民族的文化所选择、吸收，渐渐规范化、制度化、合理化，并被强化成为人的心理特征和行为特征，与此同时，一些带有强烈的排他性的文化物质被抑制、排除、扬弃，甚至失去了文化意义和价值，全球文化形成融合的趋势，不同国家的文化间表现出趋同和适应性，不同文化背景的消费者消费行为出现了相似。国外许多学者通过对经济全球化背景下的各国消费者行为的经验研究，验证了这一现象。Hannerz U（1990）、Yoon S J（1998）、Thompson 和 Tambyah（1999）、Cannon 和 Yaprak（2002）、Riefler 和 Diamantopoulos（2009）研究了具有世界主义文化观的消费者的购买行为，研究表明具有世界主义文化观的消费者更富好奇心和冒险精神，更愿意寻求全球化的消费形式。Levitt（1983）、De Mooij M（2004）、Papadopoulos 等（2011）从全球市场和广告的视角，研究了文化和购买行为的关系，他们认为全球背景下，不同国家消费者购买行为的差异化逐渐消失。全球市场为消费者提供了全球化的产品，广告适应了不同的亚文化，吸引了不同文化背景和价值体系的消费者，消费者的购买行为趋于收敛。在文化的融合和趋同过程中必然包含了两种甚至多种文化并存的状态，即接受本民族外文化特征的同时仍保留本民族的文化传统的不断"文化适应"过程。Ogden 和 Schau（2004）、Walters、Phythian 和 Anisef（2007），Cleveland 和 Laroche 等（2007，2009）、Lerman 等（2009）、Huggins 等（2011）、Newman 和 Sahak（2012）研究了多元文化背景下"文化适应"对消费者行为的影响，结果显示由于亚文化的不同，文化适应程度不同的消费者表现出不同的购买行为。其中，Lerman 等（2009）根据美国少数民族消费者对本民族文化和主流文化的态度，把他们区分为明显不同的四个类别，为"文化适应"的应用提供了一个新的模型。Cleveland 等（2009）以加拿大的黎巴嫩人消费西式食物和本民族食物为例，对"文化适应"模式进行研究。Huggins 等（2011）应用"文化适应"的概念研究了美国墨西哥裔西班牙人和非墨西哥裔西班牙人在网上购物行为上的差异等。Shimp 和 Sharma（1987）、Netemeyer 等（1991）、Granzin 和 Olsen（1998）、Shoham 和 Brencic（2003）、Wang 和 Chen（2004）、Kaynak 和 Kara（2002）、Rose 等（2009）和 Watchravesringkan（2011）从民族中心主义的角度研究了文化对消费者购买行为的影响，他们的研究表明民族中心主义的消费者更不愿意购买其他国家的产品，反而倾向于购买本国的产品，此外它还影响消费者对本国和国外产品的价值评价，使得消费者在购买行为上产生差异。

经济快速发展的中国作为全球经济最具活力、最有潜力的市场，已经融入世界经济的一体化趋势，中国的文化传统势必要受到外来文化的冲击，通过文化的渗透，我国消费者在价值理念、消费习惯和消费方式等方面也表现了文化融合所带来的新特征。为此，我们国内学者也从文化融合角度对消费行为进行了研究，王海忠等（2005）从"民族中心主义"出发检验了中国消费者对国内和国外品牌偏好以及对购买行为的影响，他把消费者的民族中心主义区分为健康的民族中心主义和虚伪的民族中心主义，通过实地调研数据证明健康的民族中心主义促进了国产品牌产品的销售。张黎（2007）运用 Fishben 行为倾向模型，检验了"文化适应"的对国内消费者购买国外品牌手机行为的影响。叶德珠等（2010）认为文化影响消费者的自我控制力进而影响了其消费行为，通过行为经济学中的双曲线贴现模型分析文化对东西方消费行为差异的影响，结果表明，文化是解释消费率国别差异的主要因素，儒家文化通过影响居民的自我控制力来影响消费，儒家文化的影响力越强，自我控制力越强，消费率越低。

2.3.2　制度对消费行为的影响

制度环境由管制、规范和认知构成，管制、规范和认知方面的结构与活动赋予了社会行为稳定性和现实意义（Scott，2001）。一个既存的制度（包括正规的和非正规的制度）起着稳定人们预期的作用。因为制度对预期的稳定作用，也就使得人们的消费行为特征具有相对定稳定性（黄少安，2005）。制度一旦发生改变会造成了消费者的陌生感和缺乏认同，影响消费者的预期和收入安排，进而影响消费行为。以市场经济为制度背景的西方消费理论设定居民消费倾向长期不变，然而就中国的情况而言，20 世纪 70 年代以后，经济周期更加剧烈的波动和不稳定的宏观环境使得居民消费倾向不断发生变动，外生不确定因素对消费者的影响越来越大，主流消费理论只讨论内生化的研究越来越远离现实。将外部的不确定性纳入到消费者决策模式中，利用外生因素可以更好地解释消费倾向的变动。从中国经济制度变迁过程看，在 1992 年以后，我国进行了市场化改革，居民收入继续增加同时，医疗、教育、住房、就业和养老等方面的改革陆续展开，传统的社会保障制度开始解体，消费者意识到必须通过调整收支结构，把跨时消费与储蓄的最优均衡纳入决策范围，调整收入在消费与储蓄之间的比例，为预期的不确定性进行储蓄，才能更好地规避制度变化的风险。但归根结底，制度的改变增加了消费者对未来不确定的认识，从而对消费行为产生了影响，国内外的学者提供了各种证据对此进行了论证。

Engen 和 Gruber（1995）利用美国各州失业保险对规定工资覆盖率的外生差异考察失业保险与预防性储蓄的关系，得出的结论表明，失业保险覆盖率每增加 10% 将显著减少 2%~6% 的金融资产。Gruber 和 Yelowitz（1999）通过美国针对低收入人群的基本医疗保险数据得出，当居民面对更容易获得的医疗保障及更高参保额度时将显著增加当期消费水平、减少储蓄。王端（2000）的研究表明，国有企业改革增大了下岗风险，增加了城镇居民对未来收入的预期不确定性。万广华等（2003）在其农户储蓄率决定模型中增加了"是否有家庭成员在政府或国有企业中从事稳定工作"这一变量来测度预防性储蓄动机对农户储蓄率的影响，结果表明对家庭成员在国家机关或国有企业工作的农户而言，其对储蓄的影响增加。郭英彤和张屹山（2004）利用 1995—2000 年我国内地 29 个省份（西藏除外）的面板数据，检验了我国居民的教育、医疗、住房开支对居民储蓄的相关性，发现我国居民储蓄深受预防性动机的影响，且居民储蓄的主要目的就是为了满足教育和医疗消费开支。罗楚亮（2004）使用社科院的调研数据分析收入不确定性、失业风险、医疗支出不确定性及教育支出等因素对城镇居民消费行为的影响，证明转型期居民就业机会下降、收入不稳定增加和教育、医疗支出增加严重影响消费。陈学彬、杨凌和方松（2005）对我国居民消费储蓄行为的研究发现，随着就业体制、收入分配体制和社会保障体制的改革的深入，居民对收入不确定性的预期上升和风险意识增强，预防性储蓄增加。马树才（2006）根据跨期效用最大化模型对转型期影响我国农村居民消费的因素进行研究，结果表明，自然、市场和制度在内的不确定性是影响农民消费行为的重要因素。刘兆博等（2007）运用卡罗来纳人口中心的"中国健康与营养调查"（China Health and Nutrition Suzvey，CHNS）数据，分析了影响农村居民家庭储蓄的因素，发现不确定性、持久收入和教育负担 3 个因素都会影响农民的预防性储蓄。田青和高铁梅（2009）以消费过度敏感理论模型为基础，运用 1992—2008 年我国城镇居民 7 个不同收入组数据及面板数据，分析了经济转轨时期我国城镇居民在医疗保障制度改革、教育体制改革消费和流动性约束下的过度敏感性，结论表明预期支出的不确定性是影响居民消费过度敏感性的重要原因。刘灵芝（2011）采用 2011 年湖北省抽样调查获得数据从农村居民收入和支出（教育和医疗支出）的不确定性，对农村居民的消费行为进行了实证，结果证明对农村居民的消费行为的影响而言收入的不确定性大于支出，教育支出的不确定性大于医疗支出。马双等（2010）使用的数据来源于中国营养与健康调查（CHNS）的数据，运用固定效应模型、双重差分模型（DID）对新农合的实施效果进行分析，结论表明新型农村合作医疗保险在一定程度上减少农村居民面对的未来不确定性，增加了居民热量、碳水化合物以及蛋白质等营养摄入，使当前的消费水平增加。

2.4 小结

对国外消费函数理论发展过程以及我国学者关于消费函数研究成果的回顾，促进了我们对消费行为的理解。而进一步对文化、制度与消费行为的相关理论研究文献与经验研究文献的梳理，我们可以得出以下结论：国内外学者对文化与消费行为的研究可以分为两个领域，一是中国传统文化的"民族性"对消费行为的影响。在经典消费函数的基础上，把中国消费者的文化习俗和道德习惯加入到消费行为的研究中，解释了中国消费者特有的消费行为，如高储蓄、低消费、对预期不确定过度敏感等。二是中国文化的"世界性"对消费行为的影响。主要是研究多元文化交汇背景下消费者所表现出的"世界性"和"民族性"对消费行为的影响。而国内外学者对制度与消费行为的研究，主要是在经典函数的基础上，通过研究制度的改变对消费者的预期不确定性和流动性约束的影响，来解释消费行为的特点。

　　已有的研究对中国市场上消费行为的宏观普遍性特点进行了很好的解释，从文化和制度的角度证明了中国高储蓄率、低消费率的消费模式以及居民对预期不确定性和流动性约束过度敏感的原因。本书的研究将借鉴上述研究成果，把文化和制度要素结合起来，将中国文化的"世界性"特点进一步定义为接受新文化的同时保留本民族文化重要特征的"文化适应"过程，而制度差异则成为"文化适应"过程的重要障碍。通过"文化适应"、制度距离与消费行为的研究，解释微观领域的居民消费行为特点，并从建设中国的文化软实力和文化引领消费的角度给出促进消费的建议。

3 / 中美居民的消费现状

消费行为不仅对一个国家的经济增长有重要的推动作用，而且对社会经济可持续发展具有深远影响。通过对中美两国居民的消费现状的比较，对两国居民的消费率和农产品的消费情况进行宏观把握，对比两国居民在消费结构和消费模式上的不同，找出当前中国消费市场的主要问题，为从"文化适应"和制度距离的角度引导消费行为、提升消费倾向提供可供参考的基础数据。

3.1 美国居民的消费概况

3.1.1 美国居民消费的整体情况

美国是世界上最大的国别消费市场，长期以来，美国的居民消费在国民经济中的构成是相当稳定的。从美国居民消费率长期数据看，自 1929 年以来，居民消费率基本在 62%~70% 波动，20 世纪 90 年代后保持在 67% 左右，2000 年来一直维持在 70% 以上，2010 年美国的居民消费率为 70.9%①。

美国居民的消费增长率与美国 GDP 的增长率非常契合，并略高于 GDP 增长率。从 1996 到 2008 年的 12 年间，美国消费增长率一直维持在 3.6% 左右，略高于 3.2% 的 GDP 增长率。金融危机爆发后，2009 年美国经济触底，消费

① 世界银行 WDI 数据库

支出开始疲软后的复苏阶段，截至 2012 年，美国年消费支出增长率平均为 2.1%，略低于 2.2% 的 GDP 增长率。

与此同时，美国居民消费增长率一直表现出略快于政府消费增长率的特点，1986—1995 年和 1996—2007 年期间，美国居民消费增速分别高于政府消费 1.4 个和 1.8 个百分点。金融危机后美国居民消费略有下降，2012 年居民消费增长为 4%，政府的消费增长率为 3.6%[①]，仍然高出 0.4 个百分点。

表 3-1　实际个人消费支出贡献率（耐用品和非耐用品）　（％）

年度	耐用品	汽车及零配件	家庭和家庭耐用品设备	娱乐货物和车辆	非耐用品	食物和购买的长线消费饮料	服装和鞋类	汽油和其他能源产品
2000	0.82	0.162 5	0.195	0.405	0.622 5	0.145	0.237 5	−0.07
2001	1.452 5	0.915	0.195	0.365	0.27	0.032 5	0.022 5	0.012 5
2002	0.17	−0.38	0.17	0.272 5	0.427 5	0.09	0.135	0.017 5
2003	1.395	0.315	0.31	0.577 5	0.877 5	0.16	0.177 5	0.022 5
2004	0.787 5	0.122 5	0.217 5	0.377 5	0.615	0.227 5	0.16	−0.015
2005	0.312 5	−0.48	0.22	0.435	0.817 5	0.305	0.215	0.01
2006	0.837 5	0.23	0.055	0.462 5	0.757 5	0.227 5	0.065	0.057 5
2007	0.495	0.035	0.027 5	0.36	0.012 5	0.012 5	0.032 5	−0.122 5
2008	−1.495	−0.912 5	−0.265	−0.162 5	−0.617 5	−0.292 5	−0.115	−0.165
2009	0.265	0.105	−0.062 5	0.207 5	0.047 5	0.165	−0.032 5	−0.03
2010	0.942 5	0.34	0.197 5	0.302 5	0.732 5	0.16	0.23	0.042 5
2011	0.587 5	0.092 5	0.145	0.305	0.17	0.027 5	0.035	−0.132 5
2012	0.817 5	0.247 5	0.115	0.31	0.362 5	0.15	0.03	−0.057 5
2013Q1	0.62	0.19	0.1	0.24	0.62	0.15	0.06	0.16
2013Q2	0.66	−0.03	0.21	0.33	0.37	−0.08	0.18	−0.03
2013Q3	0.84	0.18	0.31	0.34	0.66	0.21	−0.14	0.11

资料来源：美国商务部经济分析局

---

① 美国商务部经济分析局

从居民消费支出情况看（表3-1，表3-2），居民物质需求已接近饱和，更加注重提高生活质量和丰富精神生活的消费项目，体现为从实物消费为中心的家庭消费转变为以服务消费为主体的消费结构，这正是美国服务经济蓬勃发展的原因。2000—2007年美国居民的消费支出中可以看出服务支出贡献率所占比重最大，年平均达到2%，食品、服装、能源等非耐用品和耐用品的消费项目的贡献率较小，并有减小的趋势。与此同时，住房和家居、娱乐、保健和交通等新的消费项目贡献率提高。

表3-2 实际个人消费支出贡献率（服务类） （%）

年度	服务	家庭消费支出	住房和公用设施	保健	运输服务	康乐服务	餐饮服务和住宿	金融服务和保险
2000	2.965	2.717 5	0.785	0.495	0.137 5	0.027 5	0.155	0.562 5
2001	0.757 5	0.582 5	0.12	0.787 5	-0.142 5	-0.03	-0.057 5	-0.242 5
2002	1.4	1.092 5	0.217 5	0.687 5	-0.035	0.08	0.15	-0.26
2003	1.605	1.54	0.25	0.382 5	0.065	0.175	0.317 5	0.097 5
2004	2.265	2.235	0.575	0.635	0.08	0.135	0.19	0.4
2005	1.875	1.755	0.67	0.367 5	0.005	0.09	0.227 5	0.305
2006	1.68	1.462 5	0.202 5	0.38	0.045	0.19	0.185	0.172 5
2007	0.957 5	0.82	0.117 5	0.347 5	-0.017 5	0.082 5	0.047 5	0.2
2008	0.17	-0.192 5	0.302 5	0.272 5	-0.282 5	-0.117 5	-0.2	-0.137 5
2009	-0.42	-0.332 5	0.2	0.255	-0.23	-0.065	-0.195	-0.16
2010	1.425	1.46	0.265	0.432 5	0.055	0.092 5	0.192 5	0.302 5
2011	1.25	1.195	0.15	0.362 5	0.072 5	0.067 5	0.265	0.17
2012	0.862 5	0.66	0.09	0.397 5	0.015	0.017 5	0.222 5	-0.207 5
2013Q1	1.01	1.53	0.84	0.21	0.08	0.09	0.16	0.39
2013Q2	0.78	0.87	0.01	0.58	0	-0.03	0.05	0.29
2013Q3	0.47	0.35	-0.45	0.45	-0.06	0.15	0.03	0.13

资料来源：美国商务部经济分析局

2008 年金融危机爆发后，美国居民实际工资与资产价值收益减少，对未来收入的预期下降，导致居民的消费结构出现变化。就商品消费看，耐用品消费的贡献率明显下降，其中汽车、家庭耐用品（家具和家居）等高档商品的消费支出减少最多，而娱乐商品及交通工具消费也缓慢减少；在非耐用品中以服装及鞋类的消费支出下降最快，食品饮料消费相对稳定，汽油等能源产品消费迅速下降。从服务消费看，以家庭消费支出的变化最大，但在金融危机后恢复较快；运输、餐饮娱乐和金融保险开支贡献率减少并且恢复缓慢，居民住房、医疗和保健方面的消费增加。由此可见，金融危机后居民消费水平有所下降，对汽车、住房、餐饮娱乐等享受型和发展资料的消费需求明显减少，国内储蓄增加，消费者更加"量入为出"。

从本质上看，美国居民的消费模式与经济发展水平、社会文化习惯、宏观政策制等因素密切相关。金融危机后，美国消费模式的变化，主要是源于经济萎缩导致的居民工资收入增长放缓、资产收益率下降和信用市场不景气，于是出现了消费需求不旺，消费率、储蓄率向长期平均水平回归的趋势。但金融危机影响下美国消费水平的下降，并不意味着美国消费驱动的增长模式会发生重大变化。

美国消费驱动的经济增长模式没有发生根本改变，决定了消费文化的基本特征没有改变，并且在新的形势下表现出更加独立的特性。消费驱动下经济增长模式长期看是趋于稳定的。首先，这与美国自身有效的财政政策调控和高度发达金融市场息息相关。其次，这是美国在国际分工中优势的体现，美国能够以低利率为经常账户赤字和财政赤字融资，弥补私人部门储蓄不足和储蓄投资缺口，保证本国居民高消费。最后，美元的国际货币地位长期内不会发生根本性动摇，使得美联储可以通过大规模货币扩张政策刺激经济，而不会转化为国内高通货膨胀，享受基于美元霸权所带来的资产依赖型过度消费（刘日红，2009）。

美国的消费文化是与当代的资本主义生产方式相辅相成的价值体系，是伴随着美国从产业资本主义向金融资本主义，从生产型社会向消费型社会，从制造业支柱型向服务业主导型，从实体经济向实体虚拟混合型经济过度，从提高生产能力到制造和刺激消费能力的全面转型和过渡过程而产生的。在美国文化中，消费已经超越了单纯意义上的经济活动以及物品和服务在市场上交换的范畴，成为折射人们生活和思维方式乃至行为模式的价值判断。消费行为成为人们人生成功的标志、社会地位的认可、个性的张扬、个人绝对自由的表现、心理宣泄的途径和相互财富攀比的手段。生产力发展导致的生产关系变革，使得文化价值体系作为上层建筑具备了合理的统治地位。因此，资本主义的生产方式不改变，生产相对过剩和有效需求不足的矛盾就不会解决，经济的发展就必须依赖于市场对终极产品的消化能力和居民对生活资料的消费，美国消费文化就不会发生本质的改变。因此，为了进一步发展和繁荣资本主义经济制度，各种商业广告的形式、分期付款的方式和信用卡消费、抵押贷款市场应运而生。美国居民的消费行为也具有了借贷消费、超前消费、攀比消费的特点，成为美国文化的标志。

金融危机后，美国刺激消费的典型手段借贷消费和抵押贷款消费受到冲击，使得更多的美国人认清了自己的实际消费能力。但居民储蓄率短期内并不会发生迅速的提升，信用市场的根基也并未被动摇，关键在于美国消费驱动的经济增长方式没有改变。美国仍然会发展信贷技术，恢复金融市场和投资工具市场，美国居民仍然可以通过各种投资金融工具来降低储蓄率并满足其消费需求。

3.1.2 美国居民农产品消费概况

美国经济虽然受金融危机的影响出现下滑趋势，但美国居民的食物支出一直呈现较稳定的增长（图3-1），2013年食品的零售和餐饮消费达到4 202亿美元。日常消费品主要包括谷物类产品、肉、禽、蛋、鱼和贝类、奶制品、添加脂肪和油、蔬菜、水果、坚果及饮料类产品等。

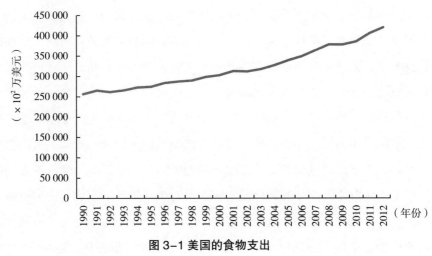

图 3-1 美国的食物支出

数据来源：美国农业部

美国是农产品的消费大国，粮食产品是重要的消费产品。2011 年，美国居民的人均粮食消费量为 88.1kg，其中小麦产品（主要包括白面粉、全麦粉和硬质小麦粉）为 60.1kg，占全部粮食产品的 69.1%；玉米类产品（主要包括玉米面粉、粗玉米粉和淀粉）为 15.5kg 占 17.0%；大米产品为 9.25kg，其他包括燕麦、大麦和黑麦等粮食产品为 3.6kg，仅占 4%。1970—2011 年，美国粮食产品的人均年消费量整体呈上升趋势，与 1970 年相比增幅达到 42.1%，其中小麦 2011 年的人均消费量是 1970 年的 1.20 倍，玉米类增幅更大为 3.07 倍。2011 年美国居民人均每天粮食消耗量为 124g，其中小麦粉 90g、玉米粉等 13g、燕麦 5g，大米 13g。

在美国，消费者所需的蛋白质主要从红肉、家禽、鱼和贝类产品中获得（图 3-2），其中，红肉消费以牛肉和猪肉为主，家禽类消费主要是鸡肉和火鸡肉。自 1970 年到 2011 年，美国消费者红肉（去骨净重）的人均年消费量整体呈下降趋势，从 1970 年 59.8kg 下降到 2011 年的 44.5kg。其中，牛肉作为最主要的肉类消费品其人均消费量整体呈下降趋势，而猪肉的人均消费量变动不大。与此相反，1970—2011 年，白肉类消费量呈现出上升趋势，其中鸡肉和火鸡的人均消费量均逐年上升，由 1970 年的 12.4kg 和 2.9kg 上升到 2011 年的 26.5kg 和 5.72kg，其增幅分别为 211.5% 和 202%。鱼和贝类产品的人均消费量呈稳定上升趋势，由 1970 年的 5.31kg 上升到 2011 年的 6.76kg，增长 27.4%，而且新鲜和冷冻的鱼和贝类产品的人均消费量呈上升趋势，而罐装类和咸盐类产品呈下降趋势。就人均消耗量而言，2011 年美国居民每天的人均红肉类消耗量为 92.28g，其中牛肉 60.45g，猪肉 30.38g，人均白肉类消耗 76.58g，其中，鸡肉消耗量为 48g，火鸡为 5.98g，鱼类 16.75g，贝类 26.62g。

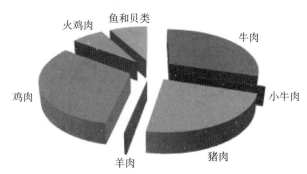

图 3-2　美国居民肉类消费（单位：kg）

数据来源：美国农业部

在美国，蔬菜是农产品中消费最多的品种。2011 年，蔬菜的人均消费量为 171.3kg，其中新鲜类蔬菜产品的人均年消费量为 84.7kg，占 49.4%（图 3-3）。2011 年美国居民消费的主要蔬菜品种有：新鲜土豆 15.5kg，新鲜番茄 9.6kg，鲜洋葱 8.6kg，莴苣菜人均消费 4.9kg，灯笼椒 4.8kg，胡萝卜 4.5kg，西兰花 4.4kg，黄瓜 4.2kg，卷心菜 3.5kg，新鲜甜玉米 4.0kg。1970—2011 年，新鲜类蔬菜和加工类蔬菜（主要包括罐装类、加工类、脱水蔬菜类、薯片类和豆类）的人均消费量均呈上升趋势，两者增长幅度分别为 20.9% 和 9.21%。就居民每天的蔬菜消耗量而言，人均土豆的消耗量是 101g，番茄 100g，玉米 24g，莴苣 16g，洋葱 15g，西兰花 11g。美国是世界上最大的水果和坚果消费国。每年水果和坚果的收入占美国所有农作物现金收入的 13% 左右，每年人均消费 127kg 左右的水果和坚果（包括新鲜和加工产品在内）（陈素琼，2012）。主要消费的水果品种为柑橘类、苹果、香蕉、柠檬、葡萄、热带水果和各种浆果类，其中，柑橘类的消费以果汁为主。

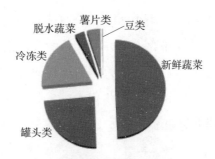

图 3-3　2011 年美国居民蔬菜消费概况

数据来源：美国农业部

　　从美国居民日常的饮食结构看，居民的粮食消费保持稳定增长，尤其是小麦粉和玉米粉的消费水平逐年提升，肉类消费中白肉的消费量和每天消耗量已经与红肉类十分接近甚至反超，美国居民对蔬菜和水果的消费一直都比较重视，蔬菜和水果类消费数量逐年增加，花费金额逐步增大，而且逐渐体现出新鲜肉类、水果消费超过罐头类和加工类食品的趋势，这种消费结构的改变反映出在现代快节奏的生活中，美国居民更加追求营养的饮食习惯和健康的消费理念，这与其经济发展阶段和文化观念有明显的适应性。

3.2　中国居民的消费概况

3.2.1　中国居民消费的整体概况

　　（1）中国居民消费率呈下降趋势，其低于世界平均水平。长期来看，中国居民消费率呈现下降趋势。1978 年居民消费率为 48.79%，随后居民消费率出现了相对平稳的上升阶段，20 世纪 80 年代维持在 50% 左右。从 90 年代开始，居民消费率出现下降趋势，2011 年降至 34.88%，比 1978 年下降 13.9 个百分点（图 3-4）。在此过程中，城镇居民和农村居民对居民整体消费水平的影响发生了很大变化，城镇居民消费的影响逐步扩大，农村居民的影响逐步减小。1990 年，城镇居民消费规模首次超过农村居民，成为居民消费的主导部分，随后这一趋势不断增强，2011 年，城镇居民消费在居民消费中的比重达到 77.3%，农村居民只占 22.7%，农村居民消费率也降到历史最低点，只有 7.9%。

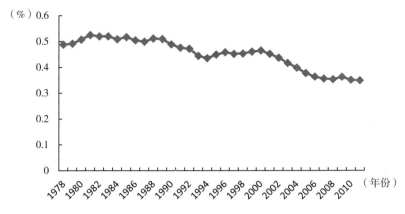

图 3-4　中国居民消费率

数据来源：新中国六十年统计资料汇编

与国际水平相比，中国的居民消费率明显处于世界偏低水平，远低于 60% 的世界平均消费率水平，偏离了经济发展的一般趋势和标准结构。绝大多数国家在经济达到中等收入水平后消费结构升级加速，消费率通常会出现一定幅度的上升，然后稳定在一个比较高的水平上，成为支撑经济增长的主要动力，如美国的消费率在 1990 年的 66.6% 一直攀升到 2010 年的 71%，日本的消费率也从 53% 上升到 60%，而中国的居民消费率不升反降，主要是由于以下几个原因造成的。

首先，虽然居民消费保持了较快的增长，但增速低于同期经济增长的速度。2000—2011 年期间，中国 GDP 平均环比增速为 15.2%，分别高于同期城镇居民可支配收入和农村居民人均纯收入平均环比增速的 12.0% 和 10.9%。由于居民消费增速慢于经济增长，使得居民消费率（即居民消费占 GDP 比重）呈现出下降的趋势。其次，房地产投资对居民消费产生挤出效应。2012 年，全国商品房销售额 6.45 万亿元，增长 10%，增速比 2011 年下降 1.1 个百分点，其中住宅销售额增长 10.9%，增速比上年加快 1.7 个百分点，相比之下社会消费品零售总额同比增长 14.3%，增速比上年回落 2.8%[①]。通过对比住宅销售额增速与社会消费品零售总额增速可以发现，房地产投资对居民消费有明显的挤出效应。最后，农村居民消费率偏低，城乡差距仍在不断扩大。目前城镇居民是中国居民消费群体的主要组成部分，但仍然不能忽视农村居民的消费能力在抵御经济周期上的更强作用。

（2）中国居民享受型和发展型消费总体呈上升趋势，但城乡差距大。从中国城镇和农村居民消费结构看（图 3-5 和图 3-6），居民的恩格尔系数呈现逐年下降的趋势，与发达国家和部分发展中国家的水平比相去甚远。2010 年城镇居民的恩格尔系数为 35.7%，农村居民为 41.1%，比 1990 年分别下降了 19.5% 和 27.7%，达到小康型国家 40%~50% 的要求。相比之下，2011 年美国居民食品消费支出占消费支出总额的比例仅 6.7%，韩国为 13.45%[②]。居民的享受型和发展型生活资料的消费总体呈现上升趋势。中国居民消费支出中城乡居民的文化教育娱乐和服务支出、交通和通信类支出和医疗保健支出在总支出中所占比重总体呈上升趋势。最后，城乡消费差距仍然较大，不仅反映在恩格尔系数上，从城镇和农村居民的消费结构看，各类消费支出的比重也有明显差距，主要表现在农村居民用于满足基本生活的食品、衣着和居住类的消费下

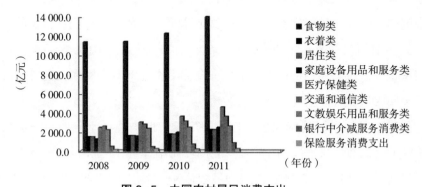

图 3-5　中国农村居民消费支出

数据来源：中国统计年鉴 2012

---

① 数据来源于国家统计局
② 数据来源于《国际统计年鉴 2012》

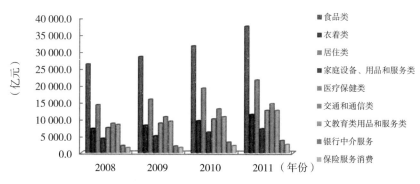

图 3-6　中国城镇居民消费支出

数据来源:《中国统计年鉴 2012》

降的幅度小于城镇居民,而在文教娱乐、交通通讯以及医疗保健类消费的增幅小于城镇居民。

3.2.2　中国居民农产品消费概况

中国居民口粮消费所占比重逐渐减少,人均粮食消费量逐渐减少,但城乡差距仍然比较大。中国粮食消费主要包括粮食的直接消费和间接消费,其中直接消费是指居民口粮消费,包括家庭口粮消费和外出就餐的口粮消费两部分;间接消费则主要包括工业消费、种子用粮和饲料消费等。随着居民生活水平的改善和城镇化水平的提高,居民口粮消费在中国粮食消费中的占比逐渐减小,动物性食物和食用植物油的消费增加,导致饲料用量和工业用量持续增长,而且居民外出口粮消费呈现整体上升的趋势。从城乡粮食消费的对比看,城市居民家庭粮食消费总量的占比明显提高,但人均粮食消费量明显低于农村地区。1985—2011 年,中国城市居民家庭粮食消费量从 4 227 万 t 增加到 6 968 万 t,增加了 64.8 %,占城乡居民家庭粮食消费总量的比重从 16.9% 提高到 38.3%,增加了 21.4 个百分点,尤其是从 2000 年开始,城市家庭粮食消费量总量占比快速提高,从 20.14% 迅速提高到 38.34%[①]。但从城乡人均粮食消费

---

① 数据来源于中经网

量看，虽然城乡人均粮食消费量均呈现逐步下降的态势，但城市家庭人均粮食消费量远低于农村人均粮食消费量（图3-7），随着城市化的逐步推进，近几年来，我国农村人均粮食消费水平加速下降，而城市人均粮食消费量逐步趋于稳定，农村和城市人均粮食消费量比值由1985—1992年的不到2，到1993—2008年间比值逐渐升高均超过2，甚至2000年接近3，而从2009年开始，比值逐渐下降，重新降到2左右。

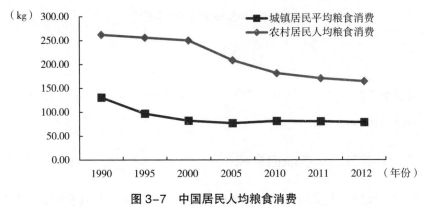

图3-7 中国居民人均粮食消费
数据来源：《中国统计年鉴》2013和《中国农村统计年鉴2013》

居民生活水平提高的一个主要表现就是粮食的消费量下降而肉类的消费量增加。从整体趋势看，中国居民肉类消费量逐渐增加，消费结构日益多元化，城乡二元结构仍然显著，但受到肉类价格频繁波动的影响，肉品消费结构年度间波动幅度较大，在某些年份会出现消费量减少的状况。目前，中国居民主要消费猪牛羊肉和禽肉，2000—2011年，中国城乡居民家庭肉类消费总量从2 563万t增加到3 799万t，增加48.25%，家庭鲜肉消费量占比提高，外出就餐肉品消费量和加工肉制品消费量占比下降。肉类消费的内部结构日益多元化，猪肉作为主导的肉类消费产品所占比重不断下降，从2000年的71.9%下降到62.4%，牛羊肉和禽肉的消费量和占比逐步提高，其中牛肉的消费量从2000年的133万t增加到2011年的256万t，禽肉从477万t增加到1 030万t，增长幅度超过200%，羊肉的消费量也保持稳定增长（图3-8）。城乡方面，畜产品消费呈出现明显的二元化特点，一方面城乡人均肉品消费量差距不断扩大，2000 年我国城镇居民人均猪牛羊肉和禽肉消费总量为 25.6kg，农村居民为 17.2kg，城乡比值为 1.49，到 2011 年城镇居民人均消费总量为 35kg，农村居民人均消费 19.8kg，比值扩大到 1.77，而且城镇居民的人均消费增幅远大于农村地区；另一方面表现为城乡肉品消费结构存在显著差，城乡居民猪肉的人均消费量的比值相对较小，波动幅度不大，而牛肉人均消费量的比值最大，接近 3，而且波动剧烈。中国居民肉类消费的变化主要是居民生活水平的提升导致饮食结构升级和中国传统文化影响的双重原因造成，猪肉作为中国传统肉类消费品其消费量在经济发展初期会逐步提高，经济发展到一定程度，猪肉消费量会基本保持稳定，牛羊肉消费量和禽类消费量不断增加，则是居民追求更高生活品质和多元生活享受的体现。

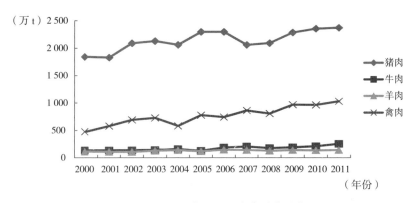

图 3-8　中国居民肉类消费结构

数据来源：中经网

　　中国居民蔬菜消费总量年度间波动较大，人均蔬菜消费量城乡差距明显。受到蔬菜价格波动的影响，中国蔬菜消费量波动较大，尤其是 2004 年以来的蔬菜价格一直在高位徘徊，对居民蔬菜的消费起到一定的抑制作用。1990 年蔬菜消费量达到最高的 15 463 万 t，此后逐步下降到 1995 年的最小值 13 088万 t，2004 年又上升到 14 710 万 t 后又出现下降，到 2011 年下降到 13 786

万t[①]。从整体看蔬菜消费总量表现出缓慢的下降态势，下降幅度为3%。从蔬菜的人均消费看（图3-9），城镇居民的人均消费量高于农村，城乡差距逐渐加大，1990年中国城镇居民人均蔬菜消费量为138.7g，农村地区人均消费为134g，城乡差距并不明显，到1993年城乡蔬菜消费的人均差距拉大到10kg以上，1998年后逐渐下降。2003年在蔬菜价格剧烈波动且高位运行的影响下，农村地区的人均蔬菜消费量急剧下降，导致城乡人均蔬菜消费量差距急剧扩大。2003年中国农村地区蔬菜消费量从107.4kg下降到2011年的99.6kg，而城镇居民的蔬菜消费量基本保持在120kg左右，城乡消费差距拉大。

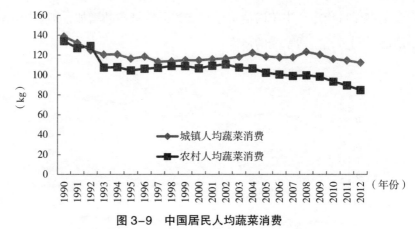

图 3-9 中国居民人均蔬菜消费

数据来源:《中国统计年鉴2013》

3.3 小结

从中美两国总体的消费模式看，美国是典型的高收入——高消费——低储蓄的消费模式，甚至已经由负债消费和超前消费发展成为透支消费。金融危机爆发后美国居民家庭财产缩水，使得负债消费的模式难以为继，美国消费者开始认清了自己的实际消费能力，在消费结构上表现为逐步减少了享乐型消费

---

① 　数据来源中经网

的开支，更加注重食品、住房和医疗等基本生活的保障型消费，同时增加储蓄，逐步改变过度负债的消费模式，储蓄率有所回升。由于美国信用市场的根基并未被动摇，消费驱动的经济增长方式没有改变，仍然会发展信贷技术，恢复金融市场和投资工具市场，美国居民仍然可以通过各种投资金融工具来降低储蓄率并满足其消费需求，因此，居民储蓄率短期内并不会发生迅速的提升。相比之下，中国是高储蓄的谨慎保守型消费模式，改革开放以来中国城镇和农村居民家庭可支配收入不断上升，居民储蓄余额节节攀升，同时居民消费水平的增长却低于同期经济的增长速度，导致居民消费率呈下降趋势，城乡间的消费差距越来越大。从消费结构上看，中国居民享受型消费和发展型消费的增长与世界的同步性逐渐增加。

从具体的农产品消费情况看，美国居民对从农产品的消费表现为追求健康、安全和快捷的生活的方式。他们对谷物的消费量增加，整体减少了肉类产品的消费，尤其是减少了对红肉的消费，取而代之的增加了白肉和鱼虾贝类的消费量，对蔬菜的消费量也呈现逐年上升的趋势。相比之下，中国的农产品消费表现出典型的城乡二元结构，在消费能力和消费层次上，城镇居民均要高于农村居民。与农村地区居民的消费相比，城镇居民粮食消费下降的比例更高，肉类的消费量增加的更多，而且减少了对猪肉的消费，增加了更健康的牛羊肉消费，在蔬菜的消费上城乡居民的消费差距逐渐拉大。从农产品消费的情况看，中国城市居民与国际接轨的程度更高，正在向更加健康和安全的生活方式迈进，而农村居民则逐渐步入整体的小康水平。

4 / 居民消费行为研究的理论机制

居民的消费行为取决于消费决策，影响消费决策的因素必然会影响消费行为，收入作为影响消费的最重要的内容在几乎所有的消费函数中都得到了论证，然而如何提高收入水平已经超出了消费理论本身的研究范畴。本书的研究目标在于提高消费在居民收入中的份额，关键是要寻找既定收入水平下影响消费行为的因素。居民的消费倾向作为消费和收入的函数是收入既定时消费决策的结果，因此，居民消费行为的研究必须从研究居民的消费倾向切入，影响消费倾向的因素就是决定消费行为的关键因素，消费倾向理论成为消费行为研究的核心内容。

4.1 居民消费行为研究的宏观理论基础

4.1.1 消费倾向和消费行为

消费倾向最早由凯恩斯提出来，并作为核心概念与资本边际效率、流动性偏好一起共同构筑起整个有效需求理论。凯恩斯认为有效需求不足是边际消费倾向递减、边际资本效率递减和流动性偏好共同作用的结果，是生产和消费之间矛盾的最终体现，并可能会导致非充分就业的均衡状态。因此，消费倾向是凯恩斯有效需求理论的基础，而凯恩斯有效需求理论又是整个现代经济理论的基础。他把消费倾向作为经济系统的基础自变量进行了详细阐述，并把消费倾向看做国民收入和就业水平的决定性因素。

凯恩斯定义消费倾向是用工资单位计量的一定收入水平 Y_m 和该收入水平用于消费支出的 C_m 之间的函数关系，用 X 表示则有 $C_w=X(Y_m)$ 或者 $C=W \cdot X(Y_m)$。社会用于消费的开支数量取决于：社会收入的数量，客观存在的其他情况和社会居民的主观需求、心理上的倾向性、习惯和收入分配的原则等，而影响消费的倾向的要素会对居民的消费行为产生影响。

除了收入及其变动以外，影响居民消费倾向的因素还有很多，可以区分为客观因素和主观因素两个方面。影响消费倾向的客观因素并非在短期内不变，只是对消费倾向的影响（除工资单位变动外）可以忽略不计。在所列举的客观因素中，凯恩斯指出在净收入中没有计入的资本价值的意外变动是短期内影响消费倾向的主要因素；把时间贴现率和利息率等同起来，认为其在短期内波动不大可能对消费产生很大的直接影响，而是在长期内通过改变社会习惯对消费倾向产生影响；由于整个社会个体不同方向的预期可能会相互抵消，对现在和将来收入水平差距的期望不会在很大程度上影响消费倾向。因此，他认为消费倾向在短期内具有稳定性。而在相对较长的时期内，主观因素和社会因素的变化对消费倾向会产生显著影响。这些主观因素主要是由经济社会的体制和组织、种族、教育、成规、宗教和流行的风气所形成的习惯、现在的希望和过去的经验、资本设备的规模和技术、现行的财富分配和已经形成的生活水平所决定的。比如流动性约束的大小、社会保障的状况、信贷市场的完善程度以及由文化、宗教、习俗等因素决定的习惯和偏好等。这就可以解释为什么收入处于同一水平的不同社会，在边际消费倾向上会表现出如此显著的差别，比如在发达国家中，美国居民的边际消费倾向高于其他欧洲国家，美国白人的消费倾向普遍高于黑人，中国社会中城市居民的消费倾向高于农村居民。但凯恩斯对消费倾向变化特征的描述时，并未考虑长期因素，因其假定社会体制、习惯、分配结构等因素保持相对稳定。

4.1.2 消费倾向递减和消费意愿

（1）消费倾向递减。居民的消费倾向通常包括两类：平均消费倾向和边际消费倾向，根据以往的研究来看，许多学者将两者混同使用，而关于消费倾向递减究竟指的是平均消费倾向递减还是边际消费倾向递减的争论，不同的学派也得出了不同的结论。实际上，平均消费倾向和边际消费倾向有着本质的区别，平均消费倾向是当期消费与收入的比值，用公式表示为 $c/y = a/y + b$，边际消费倾向为 $\Delta c/\Delta y = b$，两者之间明显是存在差别的，平均消费倾向大于边际消费倾向，两者之差为 a/y，指的是自发消费，显然当自发的消费存在时，平均消费倾向和边际消费倾向表示两种不同的消费方式。

然而任何经济现象都是诸多因素相互作用的结果，其中有促进消费倾向下降的动力，也有抑制其下降的阻力，消费倾向的变化趋势取决于两者相互作用的结果。研究者们将消费倾向的研究置于不同的环境中，得出了不必然的结论。正如凯恩斯认为的边际消费倾向递减，是在他假定的短期环境下，排除了长期因素的影响，才得出边际消费倾向会表现出随收入增加而下降的趋势。但在超越凯恩斯假定的短期时限之后，以莫迪利亚尼的消费理论为例，他将年龄结构、收入增长、初始资产等考虑在内，研究长期内收入和消费之间的关系，那平均消费倾向和边际消费倾向是相等的，在长期内趋于不变。库兹涅茨在长期的分析中也认为平均消费倾向保持不变，实际上就认为平均消费倾向和边际消费倾向是相等的，而后进行跨期研究的持久收入理论与生命周期理论都如此进行设定。

在综合以往研究的基础上，本书得出的结论是消费倾向最终会表现出什么样的变化并不是必然的，从短期看，凯恩斯对消费倾向进行分析得出的边际消费倾向递减的结论是成立的；从长期来看，边际消费倾向并不随收入而单调递减，当外界环境发生变化时，消费倾向并不必然表现出递减的趋势，可能上升、下降或不变。也就是当经济背景和形势发生变化之后，消费倾向可能在特定阶段表现出特定的变化趋势，消费倾向变化趋势也可能发生逆转，由上升转为下降。凯恩斯从经济现象中抽象出的规律，是排除掉文化、制度、年龄、种族、性别等主观因素的干扰后得出的收入和边际消费倾向的关系，而随着时间的延长，这些主观因素是必然要发挥作用的。由此可见，尽管不同的理论的侧重点不同，但都肯定了收入因素、文化、不确定性、年龄等主观和制度要素对消费倾向的影响。

因此，边际消费倾向递减的规律是成立的，但必须符合限定的特定条件。凯恩斯的需求分析理论框架是建立在社会制度不发生变化的相对较短时期内，因为在短期内，可以忽略主观和制度因素对消费倾向的影响，但他同时也强调"从历史的角度加以考察或把不同类型的社会制度加以比较的研究中，必须考虑主观条件的改变对消费倾向的各种影响。"因此，当我们分析居民消费行为的长期趋势，并希望通过消费理论的应用改变边际消费倾向下降的趋势，就必须考虑主观因素和制度要素，并以此为突破点促进居民消费支出的增加，使居民在收入增加的同时消费增加也能逐步加速，从而提升消费需求。

（2）中国居民的消费倾向和消费意愿。居民消费倾向反映的是在一定收入水平下居民消费意愿的大小，居民消费倾向的变化是对居民消费行为变化的一种描述。中国居民的消费倾向自改革开放后呈现出逐渐下降的趋势，从 1978 年高达 98%，一直下降到 2012 年的 70% 左右。

根据平均消费倾向的定义，即当期消费与收入的比值，考虑到中国居民只能在自己可支配的收入范围内决定消费与储蓄的比例，为了更好的分析居民的消费行为，我们以居民消费支出除以居民可支配收入计算出中国居民平均消费倾向（图 4-1），可以看出城镇居民消费倾向自改革开放以来一直处于较为明显的下降阶段。在整个 20 世纪 80 年代城镇居民平均消费倾向比较平稳，接近90%，1988 年后城镇居民平均消费倾向呈现明显的下降趋势，到 1998 已经下降到 80% 以下，截至 2012 年下降为不到 70%。

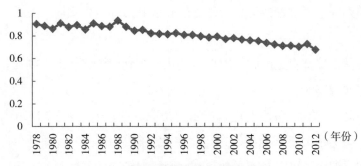

图 4-1　中国城镇居民平均消费倾向

资料来源:《中国统计年鉴 2013》

　　根据际消费倾向的定义,我们用人均消费支出增量和人均可支配收入增量的比值来衡量(图 4-2)。自改革开放以来,中国城镇居民边际消费倾向总体上表现出波动下降的趋势,1989 年前边际消费倾向在 0.8~1 之间波动,波动的幅度比较大,并伴随着异常值的出现;1990—2012 年边际消费倾向的波动幅度减小,基本控制在 0.6~0.8 之间,下降趋势日趋明显;进入 2004 年以后城镇居民边际消费倾向的波动幅度更加明显地缩小。

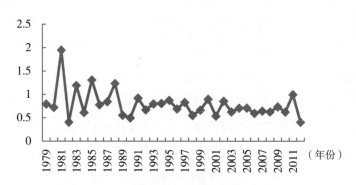

图 4-2　中国城镇居民边际消费倾向

资料来源:《中国统计年鉴 2013》

　　由上文的分析不难看出,中国居民消费倾向在长期内是递减的,也就是居民的消费意愿随着收入快速增长而减小了。由于时间的长期性,在分析居民的消费倾向时必然要考虑主观和制度因素的影响。从长期看,相对于收入而言,消费表现出更大的"黏性",当收入变化时,需要更长的时间对消费的"刚性"

进行调整，这是因为长期内主观因素的调整和消费习惯的改变要发挥作用。因此在收入增长的前期，按照凯恩斯的理论，"当居民的实际收入增加时，总消费量也会增加，但增加的程度不如收入"，消费倾向往往会出现下降。在超过消费行为和习惯调整的时期范围内，较快的收入增长是否会导致消费倾向持续下降，则取决于消费意愿是否同比例增加。如果消费意愿增加的比例大于收入增长速度，则消费倾向在经历了短暂调整时期之后，反而可能出现上升。相反，如果消费意愿并没有随收入增长而同比例增长，则消费倾向在经历过调整之后依然会持续下降。

根据消费行为理论的内容，消费意愿是反映消费者支出的内部心理和外在条件的综合表现，个体特性是决定消费心理的重要方面，文化因素和制度环境会对其产生重要影响。强调节俭的文化和消费态度会从更大的范围内影响整个消费群体的心理，消费者从众性的传统又使个体行为可能受到周围人的影响，或者受到舆论宣传的引导，而在个体特性基础之上有所调整。制度环境中影响消费意愿的外在条件包括分配制度、不确定性、社会关系等。尽管收入增长，但收入分配差距拉大，金融支持力度不够，甚至由于外部环境的不确定性导致居民储蓄增加，这都成为降低消费意愿的影响因素。

因此，基于上述分析，本书认为文化和制度对消费意愿产生了影响，使得消费倾向在长期内发生了改变，最终改变了居民在既定收入下的消费行为。由此，本书提出了由文化和制度的视角对消费行为进行研究的理论框架，其中文化是指多元文化交融背景下的"文化适应"过程，而制度则反映了不同文化背景的消费者母国和东道国间的制度差异。

4.2　居民消费行为研究的微观理论基础

4.2.1　文化价值观

价值观是文化的核心（Kroeber 和 Kluckhohn，1952），价值观依赖于文化

（Fridgen，1991），文化植根于价值观（Hofstede，1980）。价值观是代表了同一文化内部的人们关于其心理构成的相似性特征的心理变量。Rokeach（1973）提出不同文化间的差异体现在价值观上，不同的文化群体间价值观是存在巨大差别的。价值观上的差异，表明在思维、行动、知觉、对态度的理解、动机以及人的需求等方面存在着文化差异。Chamberlain（1985）也同样指出，在不同的文化群体都可以发现价值观上的差异，因此，价值观区分了不同的文化群体。Williams（1979）曾论证，尽管某些价值理念是具有普遍性的，但在文化价值模式上人们却是各不相同，这些差异不仅体现在某些特定价值观念相对重要性的差异上，而且涉及每个社会的成员在遵循其特定价值观的程度上的差异，即在某个社会中这些价值被普遍接受的程度的差异，以及每一个社会对某些特定价值所赋予的重要性的差异。

在价值观的研究上，学者们提出了许多相关概念，比如行为、态度、知觉、信仰、规范、规则、动机和需求之间的关系等。作为本书的微观理论基础，在此对价值观与行为、价值观与规则和规范、价值观与态度和知觉的关系作出理论性的解释。

价值观是行为的文化决定因素（Rokeach，1973；Kluckhohn，1951；Zavalloni，1980），他规定了该文化中的成员所应履行的行为（Samovar 和 Porter，1988），指明了在某一文化中哪些行为是重要的，哪些行为是应该避免的。价值观指导行为并对行为进行分段（Fridgen，1991；Peterson，1979），从某种意义上说价值观是优于行为的。大多数人都遵循规范性的价值观，它们用来指明应该如何表现行为，不这么做就会受到惩罚。价值观上的差异体现了行为中的差异性，价值观上的相似性则预设了某种相似的行为方式。

价值观为行为提供了一系列的规则（Samovar 和 Porter，1988）用于指导行为（Stewart，1972）。由于价值观指导行为的可取模式，而不是像规范那样仅仅指向行为的模式，因此价值观便决定了特定规范的取舍（Williams，1968）。价值观是比规则和规范更加个人化和内在化的，他能更好地诠释行为，因此价值观也是优于规则和规范的。

价值观对态度的形成具有重要的影响作用。态度是在一种文化环境中习得的，而且往往以一种持续的方式对价值观作出回应。比如中国社会中将和谐视为价值观，那就表明了一种关于群体和群体间关系的本质态度，在价值观上的相似性决定了人与人之间和谐的人际交往态度。与态度所指的一组信仰和以特定的对象及情境为核心不同，价值观是指以一般情境及对象为核心的单一信仰。价值观观决定态度，还因为他在时间过程中比态度更具稳定性（Rokeach，1973）。关于个人、群体以及文化，价值观可以比态度提供更多的信息，因此在对行为的理解和预见上，价值观比态度更为有用，价值观比态度更为优越。由于态度影响到知觉（Bochner，1982），因而价值观也决定知觉（Samovar 和Porter，1988）。这样，价值观也体现出对知觉的优越性。由于价值观因文化而不同，因而行为、规则以及态度也会随着文化而不同。

基于上述的分析，本书将价值观作为一种文化要素来对待，并考虑价值观的差异来区分不同的文化群体，因此，本书采用文化价值观的概念表示不同的文化，它是指一个群体的价值观。既然价值观可以用于个体和群体，并且使其相互影响，那么文化价值观就可以视为个人价值观借以形成的准绳。它影响到人们行为的手段与目的、指导互动的模式，代表了对自我以及他人进行评价的准绳，并且是关于这些评价的标准，使得不同的文化区分开来。通过个人价值观的考察，就可以表达某一特定的文化价值观，反映该文化价值观所代表的文化。在多元文化的交汇的背景下，通过个人价值观的一系列度量来解释"文化适应"的演变过程，研究其对消费行为的影响。

4.2.2 测量方法和量表

当两种文化交汇时，文化间的传播就开始了，随着外来消费人口的日益增多，中国社会中不同文化背景的群体间的交往越来越密切，在多元的文化背景下，对"文化适应"过程给予一个清晰的概念化描述变得尤为重要。根据上文的描述，文化价值观可以很好地体现文化内容，因此我们通过个人价值观的测量来反映"文化适应"的程度，进而研究其对消费者行为的影响。对价值观的测量通常有两种方法，即直接测量法和间接测量法。直接测量法是关于价值观的调查型研究，要求被调查对象根据重要性对价值观念进行排序，或者在

Likert 量表上评价他们的级别。间接测量法是通过向调查对象询问他们所向往的价值观（自我描述）以及可取的价值观（意识形态陈述），或者通过对第三者的描述而得到的间接测量。

"文化适应（Acculturation）"作为一个概念最早由贝里（Berry，1980）提出，它描述了个体学习和接受一种全新文化的规则和价值观的过程（Mendoza，1989；Rudmin，2003）。在全新的文化环境中，个体的价值观、态度、行为和语言等发生改变，并逐步在主流文化中形成自身的消费习惯（Berry，1980；Peñaloza，1994；Peñaloza 和 Gilly，1999），在消费行为中体现出复杂的本民族文化和新文化的双重影响。因此，"文化适应"具有双向且非线性的特点，少数民族消费者在学习并接受主流文化的同时，会在一定程度上保留并促进本民族的部分文化。也就是说，居民"文化适应"程度的高低，取决于其参与主流社会活动的程度以及参与本民族事务相关活动的程度大小的比较。据此，我们在选用价值观的指标测量"文化适应"的程度时，要体现消费者在两个维度的文化间的变化。

Berry 提出"文化适应"的概念后，学者们开始研究"文化适应"程度的测量方法，其中，Mendoza（1994）提出的"文化生活类型量表"（Cultural Life Style Inventory，CLSI）是最为契合的测量方法。他基于消费者对本民族文化的维护和保留以及对新文化的习得，设计了包含 28 个条目的量表以此测量消费者的价值取向，用于衡量消费者的"文化适应"程度，而在具体问题的设计中所采用价值观的直接测量方法，通过 Likert 量表上评价他们的级别。由于 CLSI 量表（见附录）的内容非常丰富，包含的条目翔实，在实际的调研过程中我们并不能全部采用。根据本书研究的需要，在前人研究成果的基础上，我们对量表内容进行了精简，选择了其中的部分问题放入到调研问卷中，通过价值观直接测量的方法对选项进行了编制，然后结合消费行为理论添加了部分关于消费者购买行为的问题，编制成本书的调研问卷（见附录）。

4.3 文化适应、制度距离与消费行为的
经验研究和理论假设

由于居民的"文化适应"具有的双向非线性的特点，在度量"文化适应"程度时要选择同时体现对本民族文化的保留和对主流文化接纳的两个方向的指标。在 CLSI 量表提供的指标范围内，借鉴国内外学者在"文化适应"对消费行为影响的实证研究中常用的表现"文化适应"程度的价值观测量指标，如语言相关的指标（Phinney，1990；Laroche，Kim 和 Hui，1997）、消费者所接触的媒体（O'Guinn 和 Faber，1985；Laroche 等，1997）、消费者与本民族成员及主流社会成员的交往活动（Mendoza，1989；Laroche，Kim 和 Clarke，1997；Laroche 等，1997）、购买决策中婚姻或家庭的角色（Ganesh，1997；Ogden，2005；Webster，1994）、自我认同、自豪感以及维持或参与本民族或主流文化活动的愿望（Hirschman，1981；Laroche 等，1996）以及参与本民族或主流社会庆祝活动的情况（Phinney，1990；Rosenthal 和 Feldman，1992；Laroche 等，1997，1998）等，选择了四个类型的指标，构建了"文化适应"的测量指标体系。具体来说，从价值观的以下四个表现方面研究"文化适应"对消费者行为的影响，一是语言；二是新文化环境中的生活时间；三是民族认同；四是文化认同。

4.3.1 文化适应与消费行为的经验研究和理论假设

（1）语言。"文化适应"的结果取决于消费者参与主流社会或者本民族相关活动的程度，从这一层面讲，语言是最有说服力和使用最广泛的指标，在维持本民族文化和学习第二种文化的过程中起着主导作用，是一种非常有效的测量工具。学者们从消费者对东道国语言的精通和使用程度研究其对"文化适应"的影响，具体的指标包括少数民族消费者是否会讲主流语言（如英语）、在家使用本民族语言的频率、有选择的条件下优先使用的语言（Valencia，1985）、在不同情境下（如工作、学校和购物）使用的语言、跟亲友交谈使用

的语言和更倾向于哪类语言媒体节目（Hui 等，1992）等，结论表明，语言对"文化适应"程度的影响显著。此外，罗斯托和尼克尔斯（Rostow 和 Nicholls，1996）的研究表明，不同语言的电视广告对少数民族细分市场的说服力不同，进而引起消费者购买行为的的不同。哈金斯（Huggins，2013）对美国墨西哥裔和非墨西哥裔的西班牙消费者网上购物的研究表明，高"文化适应"的非墨西哥裔西班牙消费者英语水平更高，更倾向于使用英语网购；更多使用西班牙语进行交流的墨西哥裔西班牙消费者，"文化适应"程度低，更倾向于在西班牙语网站购物。

据此，本书提出假设 H1：语言是衡量"文化适应"的重要指标，对本民族语言的依赖越强，消费东道国产品的倾向就越低，对东道国语言的适应能力越强则消费倾向越高。

（2）新文化环境生活时间。"文化适应"是一个动态的过程，消费者在多种文化交融的环境中，经过长时间的演化，会表现出"文化适应"高低程度的差异，因此消费者在新文化环境（例如移民国）生活的时间是影响"文化适应"的一个主要因素，美国人口统计局据此将美籍西班牙裔划分为高中低三个不同的"文化适应"类别。佩里（Perry）等人采用消费者在移民国的生活的时间对"文化适应"的程度进行测度，研究表明"文化适应"与移民国家（新文化环境）生活时间正相关。Huggins 和 Holloway（2010）通过多元方差分析检验了美国西班牙裔消费者在西班牙语网站的消费行为特点，研究表明，在美国居住时间较短的西班牙裔美国人比居住时间长的西班牙裔更加倾向于在西班牙语网站购物。Newman 和 Sahak（2012）通过相关性检验和协方差分析研究在英国生活的马来西亚移民的消费行为，结果表明居住时间和文化适应程度呈正比。

据此，本书提出假设 H2：作为衡量"文化适应"的重要指标，居住时间与消费倾向呈正比，居住时间越长，居民的消费东道国产品的倾向越高，消费本民族产品的倾向越低。

（3）民族认同。菲尼（Phinney）认为民族认同是基于相似的个体特性或者共同的社会文化经历而拥有共同的祖先和血统、公共的价值观和态度、情感归宿和行为准则。赫希曼（Hirschman）和克利夫兰（Cleveland）的进一步研究表明，不同民族消费者从本民族文化的形成和维系以及与其他文化交流的视角去认识和表现自己的民族性会影响该民族成员的态度和行为。跨文化研究的学者认为应该把民族认同作为一个指标检验其对"文化适应"的影响。

Watchravesringkan（2010）通过相关系数和方差分析对比了生活在美国的亚裔移民和亚洲裔美国人对美国商品购买的行为差异，结果表明，民族认同感越强其"文化适应"越弱，对美国商品的购买会产生负影响。Kim和Kang（1998）以及Schumann（2002）通过多元方差分解对美国的亚裔移民（中国人和日本人）消费行为的研究表明，民族认同感与本民族产品消费行为呈现显著正相关关系，且日本移民的显著性更强。Allen和Friedman（2005）的研究表明，西班牙裔美国消费者民族认同感会显著影响购买行为。Koslow和Shamdasani（1994）、Singh和Pereira（2005）的进一步研究也表明民族认同感更高的西班牙裔美国消费者更热衷于购买反映家乡文化和语言的市场信息和产品。Lerman和Maldonado（2009）对运用"文化生活方式量表"和方差分析的方法对西班牙裔美国人的消费行为进行了研究，结果表明民族认同与"文化适应"负相关，消费者的"文化适应"程度越高越喜欢美国品牌，更加崇拜美国的名人，同时更容易受到美国名人效应的影响。王海忠、于春玲和赵平（2005）用结构方程的方法证明健康的"民族中心主义"会促进消费者对国货的购买，庄贵军（2006）运用回归分析检验了国货意识越强对本土品牌产品的偏好就越大。

上述消费行为研究，在使用民族认同变量度量"文化适应"的程度时，运用了综合的指标体系，比如对家庭或配偶在消费决策中的作用（Ganesh，1997；Ogden，2005；Webster，1994）、民族节日和特殊事件的庆祝情况、社会交往活动、与本民族的朋友的社会交往程度、异族联姻状况、配偶的民族以及对主流文化态度的直接或者间接反映（Gentry等，1995；Jun等，1993；Laroche等，1991；Lee，1994；Valencia，1985）等指标测度了民族认同感，结果表明这些指标都具备可行性而且显著影响了购买行为。

在此，本书提出假设H3：消费者的民族认同越高"文化适应"就越弱，表现在消费行为上为更加热衷本民族的产品，从而降低了在东道国市场的消费倾向。

（4）文化认同。"文化适应"是双向且非线性的，一个方向是消费者在"文化适应"的进程中更多地认同本民族文化，另一方向则相反，即逐步认同主流文化。比如 Keefe 和 Padilla（1987）的研究表明消费者虽然保持着其他本民族的特征和传统，但为了生活方便和提高雇佣率而学习英语。Cleveland 和 Laroche（2008）通过结构方程对加拿大魁北克的黎巴嫩裔消费者消费行为的研究表明，文化适应与民族食物的购买负相关，但黎巴嫩裔消费者普遍接受了大众的西式饮食方式。有研究也表明，在美国的少数民族消费者经常购买美式的"低价、高质量、安全和无语言障碍"产品。吴剑琳和朱宁（2010）通过回归分析研究了青年消费者"民族中心主义"对消费行为的影响，结果表明青少年的"民族中心主义"倾向偏低，对大众主流产品消费的倾向性较高。因此主流的消费文化在一定程度上得到少数民族消费者的认同，这种文化认同感超越了民族特性并改变消费者的购买行为，使他们在消费行为上表现出共性。

因此，本书提出假设 H4：文化认同感对东道国产品的消费行为起到一定的促进作用。

此外，虽然本书特别强调了"文化适应"的重要性，但它并不涉及消费者生活的所有方面，这正是主流文化得到认同和非文化要素同样影响消费者购买行为的原因。因此，在本书的研究中必然要重视价格、年龄、收入、学历等非文化变量的影响，并把它们纳入研究的框架中。同时"文化适应"作为一种影响因素必须作用于人的价值体系，要通过消费品的匹配才能最终实现购买动机，因此，许多情况下消费品本身传达了优先于文化的含义，消费品本身所拥有的属性可以导致不同文化形态的转变，这也在一定程度上解释了为什么主流文化得到认同。

4.3.2　制度距离与消费行为的经验研究和理论假设

制度是社会的游戏规则，是人为设计的用于约束人类交互行为的条件。基于非效率视角的制度理论，制度环境是人们行为的主要决定因素。一般而言，制度可分为正式制度和非正式制度，正式制度是经过批准和认可的，经济参与者不得不遵守的规则；非正式制度是人们在交往中自然形成的限制，包括社会中所共享的规范、信仰和价值观。通常非正式的制度与传统和文化高度相关，很难在短时间内发生较大的变化，属于缓慢变化的制度（North，1991；Roland，2004）。相比之下，正式制度的变迁则要迅速的多，但它们的变迁路径和速度与国家的经济发展水平和社会人口状况息息相关，因此，不同的国家甚至是同一国家的不同历史时期，制度间都存在着迥异的特征并呈现出差异化的形态，形成了制度距离。由于制度距离的存在，使得不同文化背景的消费者在消费行为中存在难以跨越的障碍，尤其是非正式制度的差异影响着个体价值观的形成，伴随着整个"文化适应"过程，成为"文化适应"过程中必须跨越的障碍。

在研究制度距离对消费行为的影响时，本书使用霍夫斯泰德（1983）提出的制度距离量表所包含的五大维度来解释制度差异对价值观的影响。这5个维度分别为：权力距离（Power Distance）、个人主义/集体主义（Individualism/Collectivism）、男性化/女性化（Masculinity/Femininity）、不确定性规避（Uncertainty Avoidance）和长期导向/短期导向（Long-term Orientation/Short-term Orientation）。具体的含义如下。

（1）权力距离。权力距离是指一个国家的机构或组织内的权力较小的成员期望和接受不平等地分配的程度。可接受的程度越大，表明权力距离越高。反之，则越低。在高权利距离的文化中，社会信奉人们之间的并不平等，但人人都有一个合适的位置。社会看重服从、一致性、权威、监督和合作，存在着等级与不平等。在低权利距离的文化中，社会坚持认为不公平应该减少到最低程度。他们所看重的是独立、个性以及咨询，而不是专职决策，存在着强烈的竞争意识。就目前中国社会的情况看，不公平的趋势在逐渐扩大，尤其是对于收入分配的不公平，而中国人对不公的接受力较强，收入分配的差距已经显著的影响到居民的消费行为。中国居民的收入差距过大，基尼系数增加，已经成为消费率下降的重要原因（臧旭恒，2005；林文芳，2011；王宋涛，2012；陈斌开，2012）。

（2）个人主义和集体主义。个人主义和集体主义是指一个人如何看待自己与他人和个人同社会的关系，以及社会是更加关注个人的利益还是关注集体的利益。东亚国家的集体主义倾向特别高，而英语国家则偏重个人主义。中国社会长期受到传统儒家、道家、佛家文化价值观的影响，尤其是儒家文化长期作为中国传统文化的主导，使中国人的价值观以群体取向为基础，在消费行为中表现出他人取向、好面子，看重他人的看法和观点。Ho（1977）认为"面子"在东方人的消费行为中起了很大的作用。儒家文化的"集体主义价值观"还强调团体和谐，消费者购买的产品属性与其参照群体特点保持高度一致，由此形成了"从众型"的消费者行为，在消费理念、消费行为上表现出更多的趋同。在人际交往中更加强调社会价值观，个人主义被视为以他人为代价的，个人在感情上较为克制，更加关注对社会的顺应，在社交上是半退缩的。此外，中国人在社会和心理上较多的依赖他人，支持父母、传统、责任和义务等。中国的传统文化形成了特有的家庭关系，家庭代际关系要比西方国家紧密得多，中国人具有强烈的家族认同感，父母会为子女的婚姻、教育等积蓄资金，子女也有赡养的义务。

（3）男性化和女性化。男性化指社会中的主导价值观对自信和获取金钱以及其他物质资料的强调程度；女性化指一个社会中的主导价值观对工作和生活质量的关注程度。在高男性化的社会以金钱和财产为取向，社会强调业绩、增长、抱负、为工作而生活、卓越、成绩和自我决断，工作压力比较大，性别角色是相互区别的和不平等的。而在高女性化的国家，社会以人为取向，对生活的质量和他人的福利以及失败者予以同情和关注，性别的角色相对平等。Wong 和 Ahuvia（1998）的研究表明，中国人的消费行为体现着很强的等级性，很多物品被人们赋予特权和地位的象征，而这正是源于儒家学派使社会群体内部的个体分处不同等级的主张。此外，中国社会仍然存在着男女不平等的意识，对全社会的普遍福利也不够重视，是相对较高的男性化社会。

（4）不确定性规避。不确定性规避是指一个社会考虑到自己利益受到不确定的事件或者环境威胁时，采取措施避免和控制不确定性的程度。在高规避不确定性的文化中，认为不确定性是一种威胁，必须采取一切手段来回避，提供没有风险的稳定性。预期未来不确定性的差异和不确定性的规避程度对居民的消费行为产生了很大的影响。在中国，不确定性的预期是影响消费行为的重要因素，出于对未来世界的不确定性考虑，每个人或家庭都必须面对未来某些时期收入可能会有下降的风险，而又无法获得消费信贷以致被迫降低消费水平，因此，消费者通常在做出消费决策的同时，储蓄一部分资金，以预防未来收入下降风险。中国经济转轨期的医疗、教育、养老和住房体系改革，提高了居民收入和支出的不确定性，同时在信贷制度和金融制度上的缺失，增强居民对未来不确定性的预期，消费倾向趋于降低（施建淮和朱海婷，2000；申朴和刘康兵，2003；杨汝岱和陈斌开，2009）。

（5）长期导向和短期导向（Long-term Orientation/Short-term Orientation）。霍夫斯泰德将长期导向定义为：基于未来回报的美德培养，尤其是指一个社会的坚韧和节俭。而短期导向是指与过去和现在相关的美德培养，尤其是指尊重传统、爱"面子"和履行社会义务。长期导向和短期导向的维度表明了人们对时间的不同态度，短期导向的人会视时间为一种有限的资源，对时间较没有耐心，而长期导向的人视时间为一种无止尽的资源，并较有耐心。在儒家文化的模式下，中国社会形成了相对一致的长期导向的价值观，即强调有秩序、节俭、恒心和羞耻感，连同对新环境的适应力、互惠、教育、努力工作、未来的重要性和节约等其他价值观，被视为长期取向的特征。

在得到各个国家 5 个维度的变量后，为了求得一个制度距离的变量，在具体的测量过程中，我们将 5 个维度的分变量加和，具体的计算公式如下：

$$\text{Institutional Distance}= \sum_{k=1}^{n} \left[\frac{\left(I_{kj} - i_{kh} \right)^2}{V_k} \right] / n$$

其中，I_{kj} 表示 J 国的 K 项指标，I_{kh} 表示东道国（本书指的是美国和中国）的 K 项指标，V_k 表示 k 项指标的方差，n 表示测量指标数。这样，我们得到了各个国家制度距离的数值。

由于制度距离可以更好地体现国家层面上的差异，在以往的研究中国内外的学者将制度距离广泛地应用于跨国公司的国际化战略研究中，诸如东道国的选择、进入模式的选择、并购绩效的提升和外派人员战略等（Xu D，2002，2004；Gaur A S，2006；Rottig D，2008；潘镇等，2008；吴晓云，2013），并通过多元线性回归、结构方程、面板固定效应和空间计量模型的方法实证检验了制度距离对不同的微观经济活动存在显著的影响，而且制度距离越大负向的影响力就越强。

根据前人研究的经验，本书提出假设 H5：国家间制度距离的差异越大，"文化适应"难度越大，对消费行为的影响越明显。

4.4　小结

凯恩斯从经济现象中抽象出边际消费倾向递减的规律，是排除掉文化、制度、年龄、种族、性别等主观因素的干扰后得出的收入和边际消费倾向的基本关系，得到学界的证明和认可，但随着时间的延长，主观因素必然要发挥作用，加之收入变化后居民消费所表现出的刚性，在长期的消费倾向研究中必须要考虑主观因素的影响。中国的城镇居民消费数据分析表明，边际消费倾向在长期内表现出下降趋势，因此，本书从除收入以外的主观因素出发，研究长期内收入一定条件下，中国的居民边际消费倾向可能出现的变化，进而给出提升消费水平的建议，这正是本书以文化和制度为视角研究居民消费倾向的宏观理论基础。

而文化价值观的概念，作为一种群体价值观，是文化的核心内容并通过个人价值观进行反映。通过对个人价值观的测量可以体现出群体的文化价值观，进而反映文化的主要内容，由此本书提出了通过价值观衡量"文化适应"程度的微观理论基础。根据"文化适应"双向非线性的特点，在 CLSI 量表和前人研究成果的基础上，给出了衡量"文化适应"的四个价值维度：语言、居住时间、民族认同和文化认同。而非正式制度作为影响价值观的重要因素，对居民的"文化适应"程度有着重要影响，制度距离成为了"文化适应"中必须跨越的障碍，在测量上我们选用了霍夫斯泰德提出的制度距离五维度量表，衡量不同国家间的制度距离。

　　最后，本章提出了本书将论证的假设 1~5：对本民族语言的依赖越强，消费倾向就越低，而对东道国语言的适应能力越强则消费倾向越高；居住时间与消费倾向呈正比，居住时间越长，居民的消费倾向越高；消费者的民族认同越高"文化适应"就越弱，表现在消费行为上是更加热衷本民族的产品，而降低了在东道国市场上消费的倾向；文化认同感对在东道国市场的消费行为起到一定的促进作用；国家间制度距离的差异越大，文化的适应性就越弱，对消费行为的影响越大。

5／美国居民蔬菜消费研究

　　文化是一种习得的经验，是日常生活中与他人的交往过程中逐渐形成的，虽然保留了民族传统，但文化在逐渐吸收合并新内容的同时发生着改变。文化对消费行为影响的最直接结果就表现在食物的选择上，饮食习惯不仅是维持生计的方式，更是民族文化最关键的表现方式，居民食物消费习惯的演变体现了"文化适应"的全过程。食物的消费习惯经历了持续发展和改变的动态过程，却仍体现出基本稳定和可预测性的特点（Fieldhouse，1995）。作为人们最早接触的文化形态，饮食习惯是本民族文化的象征和实践方式，对生活在瑞士的巴西移民和当地瑞士人的比较就发现，即便是经历一个世纪的地理位置的迁移和文化的移除，巴西裔瑞士人也保留了传统的食物消费习惯（Uhle 和 Grivetti，1993），食物的消费为我们研究居民如何适应新的文化环境提供了宝贵经验（Oswald，1999）。由于居民选购食物时，既受到民族传统的影响，又消费了多元化的食物，表现出跨越社会族群的特征，因而食物的消费习惯恰好是复杂的"文化适应"过程的最好证明。因此，本书从食物消费入手探索"文化适应"对消费行为的影响。

　　由于文化差异和制度距离的存在，在食物的消费中，本书特别选择以蔬菜的消费为例进行研究，主要原因有以下两点：一是，蔬菜消费是日常膳食的重要组成部分，在全球性的消费行为研究中具有代表性和普适性，可以实现研究成果在美国不同民族间以及中国各个民族间的比较和推广。二是，居民的蔬菜消费行为极具有代表性，影响消费行为的诸如收入、年龄、民族、生活环境等多种客观和主观因素均会对其蔬菜的消费行为产生影响，因此，蔬菜消费是开展"文化适应"和制度距离对居民消费行为研究的典型代表。

5.1　美国社会的蔬菜消费概况

美国居民的蔬菜消费是农业收入的重要组成部分，2011 年美国蔬菜作物年收入为 130 亿美元，占农业总收入的 11%[①]。蔬菜的生产、加工和消费遍及全国，几乎每个州都实现了蔬菜种植，主要产区集中在美国西南部、中南部、东南部以及北方传统产区四大主产区，其中西南部产区以加利福尼亚州和俄勒冈州最多，2011 年加州的蔬菜播种面积为 76 万英亩（1 英亩约为 4 046m^2，全书同），占美国蔬菜总面积的 44%，产量的 50%；中南部产区主要在德克萨斯州西部和新墨西哥州，这是美国冬季蔬菜的主要生产基地；东南部产区集中在佛罗里达州墨西哥沿岸的亚热带作物区和乔治亚州；北方传统的蔬菜产地有威斯康星州、明尼苏达州、华盛顿州、密歇根州和纽约州等，是冷链蔬菜的主要产区[②]。在美国，蔬菜种植主要以小农场为主，大约 3/4 的蔬菜农场面积少于 15 英亩，精细化的耕种方式为蔬菜的品质和新鲜程度提供了保障，2012 年美国全年生产和加工蔬菜总量达到 1 825 万 t。2012 年，美国人均蔬菜消费支出占其食物消费支出的 17%，折算成新鲜蔬菜的消费量，人均蔬菜消费量为 440 磅（1 磅约为 0.45kg，全书同），其中土豆占总消费量的 30%，居第一位，其后依次为西红柿、莴苣、甜玉米和洋葱。

美国居民的蔬菜消费行为普遍受到价格、收入、消费者偏好、消费习惯、环境、文化以及人口统计特征的影响。收入是影响美国居民蔬菜消费的首要因素，随着收入的增加，蔬菜消费总量呈现递增的趋势。随着收入的增加，豆类、马铃薯这类刚性食品的人均消费量变化不大；但像蔬菜类的叶菜类、莴苣、洋葱和玉米等人均消费量有明显的随收入增加而增加的趋势。不同民族由

[①]　《美国农业统计年报 2012》

[②]　数据由美国的《Agricultural Statistics Annual（2002—2011）》整理计算得出

于文化传统等方面的差异在蔬菜消费行为上也表现出明显的不同，其中白人消费者蔬菜支出最多，而黑人消费者最少，西班牙裔和其他族裔居中。就不同的产品而言，白人消费者更喜欢购买番茄、土豆、绿叶蔬菜、西兰花和玉米；黑人消费者主要消费番茄、土豆和玉米，对绿叶菜的需求不高；西班牙裔消费者主要消费番茄、土豆和洋葱；亚裔消费者是绿叶蔬菜的主要消费人群，尤其是菠菜的主要人群。从消费者的人口统计变量看，随着年龄和学历的增加，绿叶菜和生菜的消费显现出递增趋势，其中学历的影响更为明显，具备大学及以上学历者叶菜消费量比高中学历以下消费者购买量的两倍还多；相比男性而言，女性更加注重对叶菜的消费[①]。

5.2　样本与数据描述

美国是世界上最大的移民国，多种文化的交融改变了人们的价值体系和行为模式，消费者"文化适应"程度的差异显著影响了其购买行为，而母国和美国之间的制度差异也成为"文化适应"过程中的障碍，美国丰富的移民人口、多元的文化环境和完善的制度背景为研究"文化适应"与制度距离对消费行为影响提供了重要参考。

在美国，西班牙裔和亚裔是最大的两个少数族裔。根据美国2010年的人口普查结果显示，亚裔是人口增长最快的少数族裔，美国人口中纯亚洲血统的人口为1 470万人，亚裔与其他一种或多种血统混血的人口为260万人，这两个群体合计1 730万人，占美国总人口的5.6%。这个数字从2000年到2010年增长了45.6%，而美国的整体人口增长率仅为9.7%。亚裔的人口中以华裔人口最多，为400万人，其次是菲律宾裔（340万人）和印度裔（320万人），这3个群体占单一种族亚裔人口的60%。美国的亚裔人口总体上经济状况良好而且受教育程度比较高。2010年，单一种族亚裔人口的家庭收入中位数接

---

① 美国农业部经济研究局

近 69 000 美元，而全美家庭收入中位数为 52 000 美元。单一种族年满 25 岁的亚裔人口中，有 50% 拥有学士学位，而拥有学士学位者在美国总人口中的比例仅为 28%；单一种族亚裔人口中有 20% 获得了更高的学位，如硕士学位、博士学位或专业学位，是此类持更高学历的人口在美国总人口中所占比例的两倍。由于亚裔居民的学历较高，在美国多从事比较体面的教师、科研和管理相关的工作，他们居住的社区环境比较好，档次也比较高，喜欢和当地的美国人混居在一起，尤其是印度裔居民由于英语水平普遍较高，相比中国居民与美国社会融合的更好。

西班牙裔居民是美国最大的少数族裔，在 2010 年美国人口普查中，西班牙语裔的人口在美国市区第一次超过黑人，成为美国最大的少数民族，每六个美国人里，就有一个西班牙裔人。更值得关注的是西班牙语裔居民的年轻化和高增长势头，2000—2010 年 10 年间，美国增长的总人口中，西语裔超过一半，从 2000 年的 3 530 万人增至 2010 年的 5 050 万人，增长率高达 43%，在 18 岁以下的美国人口中，西语裔已占到 1/4。与亚裔学生的勤奋好学不同，西班牙语裔学生的辍学率很高，学历低于九年的人口在全美的平均比例为 6%，而这一比例在西裔人口中要高得多，达到 25%。获得学士学位的西裔人口比例约 12%，远远低于全美平均数 26%，由此导致其平均收入水处于美国社会的下游，社会地位也比较低，多从事餐馆服务员、保安等工作。与其他族裔的居民不同，西班牙语裔居民喜欢聚集在一起，他们负担不起郊区环境优美的社区的住房，而是居住在在城市中心的公寓中，其居住环境较差，治安不好，处于与其他民族隔离的状态。

本书在研究中，选取美国亚裔和西班牙裔两个族群的消费者进行数据的收集工作，具体而言是亚裔族群的华裔（Chinese）和印度裔（Asian Indian）消费者，西班牙裔中的墨西哥裔（Mexican）和波多黎各裔（Puerto Rican）消费者，并从"文化适应"和制度距离的视角研究居民的消费行为。

5.2.1　问卷设计和调研

问卷设计分为两个阶段，第一个阶段是蔬菜品种的确定，在这一阶段邀请农业专家小组挑选 40 种民族蔬菜（每个民族分别有 10 种），放入问卷。第二个阶段是问题的设计，由罗格斯——新泽西大学和宾夕法尼亚州立大学的学者共同完成，问题主要是为了描述民族消费者消费态度、偏好、文化、习惯和人口统计信息以便评估"文化适应"对其消费行为的影响。针对四个民族的消费者学者们分别编制四类问卷，每类问卷都使用两种语言编制（例如中国消费者的问卷使用英语和中文设计），问题采用 5 分的 Likert-type 标度法，从 1（非常不同意）到 5（强烈赞同）。

随后开展的调研工作分为两个阶段进行，第一阶段是焦点消费者小组会议（Bulletin board focus group sessions）。该阶段调研是为保障整个调研任务的完成和后续大规模调研活动的顺利开展而进行的小范围的调研，主要目的是对问卷的题目进行测试和修改，并对消费者的消费偏好、态度和文化传统进行初步的了解。这一阶段的调研是面向四个少数族裔同时开展的焦点组调研，参与的消费者是从抽样调研国际调研公司（Survey Sampling International, LLC）的注册会员中随机选择的符合条件的少数民族消费者。第二阶段为正式的调研过程，是分别面向居住在美国东海岸 16 个州的少数民族消费者进行的电话调研，所使用是第一阶段修订的问卷，由市场分析公司（Perceptive Marketing Research, Inc）配合学生完成。

5.2.2　样本和调查统计描述

本次调查的消费者来自美国东海岸 16 个州——康涅狄格州、特拉华州、佛罗里达州、乔治亚州、缅因州、马里兰州、马萨诸塞州、新罕布什尔州、新泽西州、纽约州、南卡罗来纳州、宾夕法尼亚州、罗德岛、福蒙特州、弗吉尼亚州（Connecticut, Delaware, Florida, Georgia, Maine, Maryland, Massachusetts, New Hampshire, New Jersey, New York, North Carolina, Pennsylvania, Rhode Island, South Carolina, Vermont 和 Virginia）和华盛顿特区（Washington DC）的四个少数民族，其中，西班牙裔两个，包括墨西哥（Mexican）、波多黎各（Puerto Rican）；亚裔两个，包括中国（Chinese）和印度（Asian Indian）。消费者要满足以下四个标准：年龄在 18 岁以上，以保证本次调研参与者是成年人；是家庭中食物主要采购者；属于特定的民族；在过去12月内购买过蔬菜（如果在过去12个月内没有购买，认为是不合格的参与者，要求说明不购买的原因，并记录人口统计学特征）。调查采用计算机辅助的电话采访形式（CATI），每次访谈的时间平均为20~23min，整个调查时间从2011年3月持续到10月。

为满足研究所需要的样本，本次调研的样本总规模为7 678份，最后回收了1 244份问卷，有效问卷1 117份，其中，墨西哥消费者280份，波多黎各消费者284份，中国消费者276份和印度消费者277份。另外还有127份问卷来自民族蔬菜的非购买者（墨西哥24份，波多黎各37份，中国21份和印度45份）。问卷调研的合作率为墨西哥消费者44%，波多黎各消费者35.4%，中国消费者34.8%和印度消费者42.1%。样本的人口统计学特征详见表5-1。从总体来看，女性比例偏高，占57%，可见家庭中蔬菜主要采购者多为女性。年龄结构看，36~50岁者比例最高，其次是21~35岁者，65岁以上者和20岁以下者比例较小。家庭年收入的分布比较均匀，10万~12.5万美元者居多，其次是4万~6万美元和6万~8万美元者。学历水平上，大学和大学以上学历者占绝大部分。职业分布上，公司员工和私营业主占绝大多数。已婚者占到绝大多数。本书调查样本在人口统计变量上的分布基本合理。

表5-1 样本人口统计学特征

| 人口统计量 | 范围 | 民族 | | | | | | | | 所有民族 | |
| | | 印度 | | 中国 | | 墨西哥 | | 波多黎各 | | | |
		频数	比例（%）	频数	比例（%）	频数	比例（%）	频数	比例（%）	频数	比例（%）
性别	女	158	57.04	176	63.77	199	71.07	205	72.18	738	66.07
	男	119	42.96	100	36.23	81	28.93	79	27.82	379	33.93
	合计	277	100.00	276	100.00	280	100.00	284	100.00	1117	100.00

（续表）

| 人口统计量 | 范围 | 民族 | | | | | | | | 所有民族 | |
| | | 印度 | | 中国 | | 墨西哥 | | 波多黎各 | | | |
		频数	比例（%）	频数	比例（%）	频数	比例（%）	频数	比例（%）	频数	比例（%）
年龄	20岁以下	4	1.49	7	2.63	15	5.43	8	2.85	34	3.11
	21~35岁	68	25.28	32	12.03	134	48.55	54	19.22	288	26.37
	36~50岁	116	43.12	131	49.25	103	37.32	79	28.11	429	39.29
	51~65岁	59	21.93	70	26.32	21	7.61	81	28.83	231	21.15
	65岁以上	22	8.18	26	9.77	3	1.09	59	21.00	110	10.07
	合计	269	100.00	266	100.00	276	100.00	281	100.00	1 092	100.00
学历	高中以下	1	0.37	14	5.26	171	61.96	108	38.85	294	26.95
	高中	25	9.23	50	18.80	84	30.43	100	35.97	259	23.74
	大学	113	41.70	95	35.72	20	7.24	63	22.66	291	26.67
	研究生	132	48.71	107	40.23	1	0.36	7	2.52	247	22.64
	合计	271	100.00	266	100.00	276	100.00	278	100.00	1 091	100.00
职业	公司职员或公务员	166	61.94	166	62.17	130	46.93	91	32.85	553	50.78
	私营业主	33	12.31	19	7.12	18	6.50	15	5.42	85	7.81
	退休	27	10.07	35	13.11	4	1.44	71	25.63	137	12.58
	家庭主妇	25	9.33	24	8.99	102	36.82	41	14.80	192	17.63
	失业	11	4.10	17	6.37	21	7.58	31	11.19	80	7.35
	其他	6	2.24	6	2.25	2	0.72	28	10.11	42	3.86
	合计	268	100.00	267	100.00	277	100.00	277	100.00	1 089	100.00

（续表）

人口统计量	范围	民族								所有民族	
		印度		中国		墨西哥		波多黎各			
		频数	比例（%）	频数	比例（%）	频数	比例（%）	频数	比例（%）	频数	比例（%）
家庭年收入（美元）	2万以下	12	5.63	14	6.64	149	58.66	137	52.69	312	33.26
	2万~4万	17	7.98	31	14.69	82	32.28	54	20.77	184	19.62
	4万~6万	33	15.49	26	12.32	18	7.09	44	16.92	121	12.90
	6万~8万	29	13.62	34	16.11	1	0.39	13	5.00	77	8.21
	8万~10万	21	9.86	27	12.80	3	1.18	3	1.15	54	5.76
	10万~12.5万	37	17.37	42	19.91	1	0.39	6	2.31	86	9.17
	12.5万~15万	16	7.51	14	6.64	0	0	3	1.15	33	3.52
	15万~20万	21	9.86	12	5.69	0	0	0	0	33	3.52
	20万以上	27	12.68	11	5.21	0	0	0	0	38	4.05
	合计	213	100.00	211	100.00	254	100.00	260	100.00	938	100.00
婚姻状况	已婚	238	88.81	216	80.30	179	64.86	98	35.25	731	67.00
	未婚	30	11.19	53	19.70	97	35.14	180	64.75	360	33.00
	合计	268	100.00	269	100.00	276	100.00	278	100.00	1 091	100.00

从调研的情况看，受到多种主观和客观因素的影响，4个少数族裔的消费行为表现出许多特点，现在就影响消费行为的主要方面进行简单的统计性描述分析。

（1）消费者购买蔬菜的频度和金额。从调研的情况看，4个少数民族消费者平均每个月购买蔬菜4次，其中华裔消费者的购买次数最多；每次的消费大约在25美元，其中亚裔消费者的整体消费水平高于西班牙语裔，华裔消费者最多，而波多黎各裔最少。

（2）消费者平时购买蔬菜的地点。超过 75％ 的西班牙语裔的消费者在美国超市购买蔬菜，相比之下亚裔消费的比例不到 50％，其中约有 15％ 的西班牙语裔消费者会在美国超市购买所有的蔬菜，而在所调查的亚裔消费者中这个比例仅为 2％。与美国超市相比，少数民族消费者更加热衷于在本民族的超市购物，该比例在各个民族的消费者中均超过了 75％，其中，亚裔消费者的比例最高，华裔和印度裔消费者在民族超市购买蔬菜的比例均达到 95％。与亚裔消费者相比，西班牙语裔消费者选择从路边摊、农场或者自家的院子里获得蔬菜的比例也比较大。

从调研情况看，4 个少数民族消费者都认为蔬菜的新鲜程度和质量是最重要的评价指标，但大多数消费者都认为美国超市蔬菜的品质和新鲜程序均高于民族超市。尤其是蔬菜的新鲜程度，只有约 1/3 的消费者认为民族超市的蔬菜比美国超市新鲜，接近 70％ 的消费者都认为民族超市蔬菜的质量优于美国超市。大多数的消费者认为民族超市蔬菜在品种和价格上优于美国超市，品种更丰富，价格也更便宜，其中，亚裔消费者尤其是华裔消费者对民族超市的偏好更好明显，同时 4 个民族的消费者普遍认为美国超市的包装优于民族超市。

（3）影响消费者选购的客观因素。在调研中，我们把与蔬菜产品本身相关的属性定义为客观因素，而其他的要素都当做是主观要素。越来越多的消费者承认食品安全是他们选购蔬菜时的重要考虑，除了墨西哥裔消费者外，其他 3 个民族的消费者中接近 60％ 的消费者认为食品安全因素是影响选购的原因，在墨西哥裔消费者中这个比例为 39％。蔬菜的新鲜程度、质量和价格是消费者首要考虑的 3 个重要因素，在四个民族的消费者中，认为新鲜程度和质量非常重要的消费者占比到 85％，认为价格公道合理最重要的消费者占比 80％，而在西班牙裔中认为价格重要的占比更高。

在其他的属性上不同的民族间有比较大的差异，比如蔬菜品种丰富是否会影响消费者的选择，这个因素对华裔消费者的影响较低，认为它重要的消费者比例为 66％，而在其他 3 个民族中的比例为 80％。就蔬菜的销售形式是散装还是包装的重要性而言，在印度裔、墨西哥裔和波多黎各裔消费者中该比例为

1∶1，而华裔消费者更加喜欢散装的蔬菜。西班牙语裔的消费者更喜欢品牌的蔬菜，他们中 70% 的人都认为品牌是影响选购的重要因素，但在亚裔消费者中，只有不到 50% 的消费者认为这是个重要的因素。

（4）影响消费者选购的主观因素。从 4 个民族消费者的调研中发现，民族消费者蔬菜消费受到共同的主观要素的影响，比如交通条件便利是影响蔬菜消费的一个重要因素，在各个民族的比重达到 75%；与外地的蔬菜相比，本地种植的蔬菜更加受到消费者的青睐，这与食品安全和价格的因素息息相关；而家庭成员喜欢的蔬菜，通常也是购买的重要考虑因素。

此外，受民族文化和生活环境等因素影响，不同少数民族的消费习惯存在明显的区别。与亚裔家庭不同，西班牙裔消费者认为对蔬菜熟悉与否是影响他们选购的重要因素，尤其对墨西哥裔消费者，认为该指标非常重要的消费者占到 85%。超过 75% 的亚裔消费者认为销售人员的语言并不是影响购买行为的重要因素，而超过 55% 的西班牙裔消费者认为这个因素非常重要，这从侧面反映西班牙语裔消费者对民族语言的依赖性更高，而亚裔消费者由于英语水平较高以及更多地在民族超市购买而较少受影响。与其他 3 个族裔的消费者相比，华裔消费者更加不在意蔬菜包装上的标签信息。同时，超过 65% 的亚裔消费者，其中华裔消费者比例达到 70% 以上，认为蔬菜消费是存在健康原因的，而出于健康原因消费蔬菜的西班牙裔消费者在调查中的比例仅为 40%。

（5）增加蔬菜消费的意愿。在调研的消费者中，约有 47% 的消费者认为他们在全年中增加了蔬菜的购买，超过一半的人认为蔬菜的消费相对恒定，就全年来看，并没有增加消费量。但在特定的时间和场合，4 个民族的消费者均表示会增加蔬菜的消费。

首先，民族节日是增加蔬菜消费的主要原因，在调研的 4 个民族的消费者中，得到肯定回答的比例从最低的华裔消费者的 75% 一直攀升到波多黎各消费者的 87.1%，由此可见，西班牙裔消费者更加热衷于在民族节日增加蔬菜消费。其次，家庭和朋友聚会也是消费者增加蔬菜消费的重要原因。除了墨西哥裔消费者外，其他 3 个民族的消费者中超过 90% 的人都会增加蔬菜消费。除此之外，家庭成员从学校或者出差回家也会增加蔬菜消费，在调研的 4 个民族消费者中，因为这个原因而增加消费的比例占到 70% 以上。与寒冷的日子相比，在一年中比较温暖的日子，消费者也会增加蔬菜的消费，这个比例在波多黎各消费者中比较低。

综上所述，我们从实地调研中得出结论：一是，亚裔消费者购买蔬菜的频率更高，消费更多。二是，即使商品质量差异不大，甚至与美国超市相比质量处于劣势，少数族裔消费者也表现出在本民族超市购买的偏好，而亚裔消费者体现得更加明显。三是，蔬菜的客观属性，如产品质量、新鲜程度、价格和食品安全成为影响消费者选购的重要因素。四是，消费者在选购中受到家庭成员的影响，与家人朋友的交往情况和参与本民族的社会活动也成为增加消费的主要原因。五是，与西班牙语裔消费者相比，亚裔消费者对包装、品牌和标签上的信息说明等附加要素较不敏感，关注度低。

5.3 实证检验

5.3.1 变量设定

（1）因变量（Y）。本书用"购买本民族特有蔬菜品种的意愿（Willingness to buy）"作为因变量，该变量是一个哑变量。在调研中我们对购买做了情境的设定，如果消费者在东道国的蔬菜品种丰富而且有类似替代品的情况下，仍愿意购买本民族特有的蔬菜品种，我们将因变量取值为 1，否则取值为 0。

（2）自变量。

① 语言（Language）：对民族语言的亲近程度是衡量个体"文化适应"的重要变量，其中，Cuellar，Harris 和 Jasso（1980）、Burnam，Telles，Karno，Hough 和 Escobar（1987）、Hazuda，Stern 和 Haffner（1988）、Cleveland 和 Laroche（1996，1997 和 2008）、Quester 和 Chong（2001）分别从居民对本民族语言的使用情况和熟悉程度方面对"文化适应"程度进行了测量，包括居民是否会讲主流语言、与家人和朋友交谈时使用本民族语言的频率、有选择的条件下优先使

用的语言种类，在不同情境下（如工作、学校和购物中）使用的语言等。在此，本书采用"居民购物时使用的语言"作为语言变量，本变量为哑变量，如果消费者使用母语与销售人员交谈取值为 1，使用英语取值为 0。

②新文化环境中生活时间（Length of Residence）：消费者对东道国文化的适应程度取决于消费者与新文化接触的时间长短（Lee，1993），因此，消费者在新文化环境中的居住时间是衡量"文化适应"的重要测量标准。从以往的研究来看 Berr，Phinney，Sam 和 Vedder（2006），D'Astous 和 Dagfous（1991）、Lee 和 Tse（1994）、Sodowsky 和 Plake（1992）、Newman 和 Sahak（2012）等学者都把居住时间作为主要变量研究居民"文化适应"程度。在此，本书采用少数民族消费者在美国居住时间作为自变量来测量"文化适应"对消费行为的影响。其中，居住时间少于 10 年取值为 1，大于等于 10 年少于 20 年取值为 2，大于等于 20 年小于 30 年取值为 3，大于等于 30 年少于 40 年取值为 4，大于等于 40 年少于 50 年的取值为 5，大于 50 年的取值为 6。

③民族认同（Ethnic Identity）：在以往的研究中，学者们采用了不同的指标体系测量民族认同，Balabanis 和 Diamantopoulos（2004）、Papadopoulos 和 Heslop（1993）、Samiee（1994）、Shimp 和 Sharma（1987）通过对比消费者对本民族产品和东道国产品的偏好，对消费者的民族认同感和民族自豪感进行了测量。Mendoza（1989）、Laroche，Kim 和 Clarke（1997）、Laroche（1997，2008）运用移民与本民族亲友的社会交往程度度量了民族认同感。Webster（1994）、Laroche 等（1998，2008）以家庭角色和家庭结构作为民族认同的重要变量衡量了少数民族的"文化适应"。Phinney（1990）、Rosenthal 和 Feldman（1992）、Laroche 等（1997，1998）以少数民族文化和主流文化在习俗、价值观和习惯上的差异、少数民族消费者参与本民族和东道国节日庆祝的情况作为民族认同的测度指标衡量了"文化适应"对消费行为的影响。

在前人研究的基础上，本书选用以下 3 个变量来描述消费者的民族认同感，衡量"文化适应"对消费行为的影响：一是，家庭角色（Family roles），即家庭成员对某种蔬菜的偏好是否会影响消费者的购买决策，该变量是哑变量，其中 1 表示肯定，0 表示否定。二是，以烹饪习惯（Cooking habits）为代表的民族文化，消费者在烹制菜肴时如果买不到合适的蔬菜会用本民族的其他蔬菜替代或者不使用该原料，则取值为1，当消费者使用其他民族的原料替代时，取值为0。三是，民族自豪感（Ethnic pride），以消费者对民族超市蔬菜质量的态度作为民族自豪感的代表，通过与美国超市的蔬菜质量进行对比，分别用1~5分表示其优劣程度，其中5表示质量高出很多，4表示好一些，3表示水平相当，2表示差一些，1表示差很多。

④ 文化认同（Cultural Identity）：消费者在保留民族认同感的同时，也发展出对主流文化的偏好（Phinney，1990；Phinney 等，1992），主要体现在日常生活中。其中，Gentry 等（1995）、Jun 等（1993）、Laroche 等（1991）、Lee（1994）和 Valencia（1985）等学者用移民直接或间接与主流文化接触的数量和程度来度量消费者对主流文化的认同感。在此，本书用以下两个变量衡量：一是，对主流文化的参与情况（Paticipate in dominant culture），本书用消费者在美国传统超市购物的情况来测量，该变量是哑变量，如果消费者表示会在美国超市购买则取值为1，否则取值为0。二是，参与的程度（Amount），使用在美国超市购买蔬菜的比例表示对主流文化的参与程度，该变量是个哑变量，如果绝大部分的蔬菜都是在美国超市购买，则该变量取值为1，否则取值为0。

⑤ 制度距离变量（Institutional Distance）：由于4个民族消费者分别来自不同的国家，其母国与美国之间必然存在制度距离，根据上一章提出的理论公式，分别计算得到印度、中国、墨西哥和波多黎各与美国的制度距离变量。

（3）控制变量。人口统计资料比如年龄、性别、职业、婚姻状况等也在一定程度上反映"文化适应"水平。前人的研究表明年轻人更倾向于"文化适应"（Szapocznik, Scopetta 和 Kurtines，1978）；而性别对"文化适应"的影响表现的更加复杂，在青少年移民中，女孩比男孩表现出更高的适应程度（Berry 等，2006），在20岁以上的调查者中，没有发现性别与"文化适应"有直接的影响关系（Khairullah 和 Khairullah，1999），而 Sodowsky 等（1991）等人的研究也发现性别不是影响"文化适应"的重要因素，此外，学者们还研究了诸如职业、婚姻状况和教育程度（Mehta 和 Belk，1991）对"文化适应"的影响。为此本书选用以下几个控制变量：年龄变量，20岁以下设定为 1，21~35 岁为 2，36~50 岁为 3，51~65 岁为 4，65 岁以上为 5。教育水平（Level of education）为哑变量，其中学历为高中以上，取值为 1，学历为高中以下取值为 0；职业（Type of employment）为哑变量，其中被雇佣取值为1，其他取值为 0；婚姻状况（Marital status）为哑变量，已婚取值为 1，其他取值为 0；性别（gender）为哑变量，其中女性取值为 1，男性为 0。消费者心理状态同样会影响消费者的购买行为，广告（Advertisement）对消费者的行为有影响取值为 1，否则取值为 0。由于不同国家的消费习惯存在较大的差异性，本书特别引入了国家变量（Country），其中消费者的母国为中国，取值为 0，印度取值为 1，墨西哥取值为 2，波多黎各取值为 3。变量之间的关系可通过图 5-1 所示。

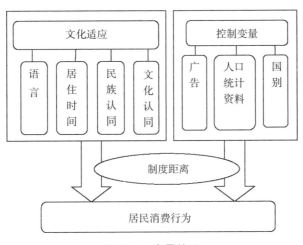

图 5-1　变量关系

5.3.2　实证检验及分析

根据上述理论框架和因变量的特征，本书采用 Logistic 模型分析"文化适应"对购买行为的影响；由于数据来源是由个体提供的，而不是聚合的，在估计方法上选用极大似然估计，这样可以保证参数估计始终是一致的、有效的且渐进的。具体公式为：

$$y = \ln\frac{P}{1-P} = \alpha + \beta'x$$

其中，P 为消费者购买民族蔬菜的可能性；x 为模型的变量向量；β 为回归系数向量。

（1）共线性检验。在估计之前，首先对自变量的相关性进行检验，所有相关系数都低于 0.7 的临界值（结果见表 5-2，变量名称部分使用简写形式）。同时我们运用方差膨胀因子值（VIF）进行共线性检验，结果所有模型中的 VIF 值都在 1~3 的范围内，远远小于 5 的临界值（详见表 5-3），没有出现严重的共线性问题。

表 5-2　自变量的相关系数

		1	2	3	4	5	6	7	8	9	10	11	12	13	14	15	16
1	WTP	1															
2	语言	-0.096	1														
3	居住时间	-0.008	-0.137	1													
4	国家	-0.043	0.31	0.173	1												
5	烹饪习惯	0.071	-0.035	-0.015	-0.064	1											
6	家庭角色	0.079	0.012	-0.004	0.113	0.085	1										
7	民族自豪感	0.123	0.053	0.007	0.021	-0.002	-0.02	1									
8	参与主流文化	-0.103	0.148	-0.013	0.227	0.054	0.14	-0.12	1								
9	参与程度	0.050	-0.020	-0.056	-0.105	0.097	0.11	-0.03	0.18	1							
10	制度距离	0.096	0.157	0.011	0.317	0.012	0.01	0.09	-0.07	-0.10	1						
11	年龄	-0.06	0.132	-0.207	0.044	0.014	0.02	-0.08	0.09	0.01	-0.02	1					
12	学历	-0.129	0.361	-0.022	0.433	-0.032	0.03	-0.08	0.19	-0.06	0.15	0.08	1				
13	职业	0.070	-0.096	-0.134	-0.23	0.013	-0.05	0.03	-0.08	-0.03	0.01	0.01	-0.23	1			
14	婚姻	0.010	-0.140	-0.155	-0.42	0.028	-0.11	-0.04	-0.06	0.06	-0.04	-0.08	-0.19	0.19	1		
15	性别	-0.004	0.088	0.055	0.124	-0.003	0.07	0.05	-0.01	0.02	0.06	0.050	0.08	-0.18	-0.06	1	
16	广告	0.082	-0.003	-0.072	-0.059	0.089	0.19	-0.01	0.04	0.08	0.02	0.05	-0.07	0.06	0.03	0.06	1

表 5-3 膨胀因子

变量	语言	居住时间	国家	烹饪习惯	家庭角色	民族自豪感	参与主流文化	参与程度
VIF	1.750	1.390	1.270	1.260	1.190	1.180	1.160	1.140
1/VIF	0.571	0.720	0.789	0.795	0.842	0.851	0.863	0.874

变量	制度距离	年龄	学历	职业	婚姻	性别	广告	mean
VIF	1.090	1.080	1.080	1.060	1.060	1.050	1.030	VIF
1/VIF	0.916	0.922	0.924	0.940	0.947	0.951	0.972	1.190

（2）结果分析。表 5-4 中的模型 1 估计了制度距离和控制变量对居民消费行为的影响，其中制度距离的系数为 0.977（P<1%）P 在 1% 的表示置信水平 1%。模型 2~5 分别检验了"文化适应"对消费者购买意愿的影响，模型 2 中语言变量的系数是 0.274（置信水平 P<10%），模型 3 中居住时间的影响并不显著，模型 4 检验了民族认同对消费者购买意愿的影响，其中使用民族蔬菜进行替代的系数为 0.272（P<5%），家庭成员偏好的系数为 0.365（P<5%），对民族蔬菜质量的态度系数为 0.482（P<1%）。模型 5 检验了文化认同对消费者购买意向的影响，其中在美国超市购买的系数为 -0.46（P<1%），而绝大部分蔬菜都在美国超市购买的系数为 -0.297（P<5%）。模型 6 中，去掉控制变量的影响后，对制度距离和"文化适应"的各个变量进行估计，变量的显著性和方向仍然稳定。在模型 7 中去掉不显著的居住时间变量和控制变量后，主要变量估计结果的显著性和方向仍然稳定。

从模型 1~5 的估计结果可以看出，在控制变量保持不变的情况下，"文化适应"和制度距离对消费者购买行为的影响十分显著，证明了我们在第 4 章中提出的假设："文化适应"程度越高，对本民族特有产品的消费意愿越强，对东道国产品的消费意愿越低，而制度距离增加了"文化适应"的难度。

首先，制度距离对消费者的购买行为在 1% 的显著性水平（P 均表示在 1%、5%、10% 的显著水平）下表现出正影响，证明了我们在第 4 章中提出的假设 H5，制度距离的存在增加了"文化适应"的难度，母国和东道国之间的制度距离越大，"文化适应"的难度越大，对消费者购买行为的影响越明显。

表 5-4 计量模型结果

	（1）	（2）	（3）	（4）	（5）	（6）	（7）	（8）	（9）
	模型1	模型2	模型3	模型4	模型5	模型6	模型7	模型8	模型9
解释变量									
制度距离	0.977**					0.874***	0.861***	0.819***	0.898***
	（3.55）					（3.25）	（3.31）	（2.82）	（3.36）
语言		0.274*				0.504***	0.470***	0.345**	0.351**
		（1.83）				（3.46）	（3.35）	（2.16）	（2.32）
居住时间			−0.110			−0.087		−0.129	
			（−0.86）			（−0.72）		（−0.97）	
烹饪习惯				0.272**		0.244*	0.254**	0.252*	0.245*
				（2.11）		（1.88）	（2.00）	（1.88）	（1.88）
家庭角色				0.365**		0.397**	0.421***	0.360**	0.414***
				（2.34）		（2.54）	（2.79）	（2.20）	（2.63）
民族自豪感				0.482***		0.451***	0.485***	0.404***	0.471***
				（3.69）		（3.41）	（3.78）	（2.95）	（3.57）
参与主流文化						−0.460***	−0.446***	−0.412***	−0.416***	−0.369***
						（−3.33）	（−3.22）	（−3.07）	（−2.84）	（−2.66）
参与程度						−0.297**	−0.264**	−0.273**	−0.252*	−0.268**
						（−2.27）	（−1.98）	（−2.12）	（−1.84）	（−2.03）
控制变量									
年龄	−0.265*	−0.257*	−0.326**	−0.254*	−0.250*			−0.233	
	（−1.83）	（−1.77）	（−2.12）	（−1.73）	（−1.72）			（−1.48）	
学历	−0.586***	−0.496***	−0.584***	−0.520***	−0.518***			−0.407**	−0.383*
	（−3.64）	（−2.97）	（−3.52）	（−3.18）	（−3.17）			（−2.33）	（−2.34）
职业	0.200	0.239*	0.237*	0.232*	0.239*			0.219	0.174
	（1.50）	（1.80）	（1.74）	（1.73）	（1.78）			（1.57）	（1.32）
婚姻状况	−0.181	−0.135	−0.180	−0.090	−0.116			−0.160	
	（−1.21）	（−0.91）	（−1.19）	（−0.60）	（−0.78）			（−1.02）	
性别	0.077	0.099	0.102	0.041	0.060			0.052	
	（0.57）	（0.73）	（0.73）	（0.30）	（0.44）			（0.36）	
广告	0.321**	0.342***	0.313**	0.274**	0.348***			0.251*	0.245*
	（2.51）	（2.68）	（2.40）	（2.09）	（2.71）			（1.85）	（1.86）
国家	−0.059	0.039	0.009	0.002	0.072			0.011	
	（−0.83）	（0.58）	（0.13）	（0.03）	（1.05）			（0.14）	

（续表）

	（1）	（2）	（3）	（4）	（5）	（6）	（7）	（8）	（9）
	模型1	模型2	模型3	模型4	模型5	模型6	模型7	模型8	模型9
constant	−1.318***	−0.347	−0.155	−0.907***	−0.318	−1.471***	−1.640***	−1.398***	−1.853***
	（−3.76）	（−1.57）	（−0.54）	（−3.53）	（−1.36）	（−3.73）	（−4.71）	（−3.10）	（−5.07）
N	1 071	1 071	1 022	1 071	1 071	1 055	1 117	1 022	1 084
r2_p	0.031	0.025	0.024	0.039	0.032	0.043	0.042	0.055	0.054

注：括号内的变量为标准误差，***、**、*分表代表在1%、5%和10%的水平上显著

就本研究结果看，中国与美国的制度差距最大，处于第二位的是墨西哥消费者，然后是波多黎各消费者，印度消费者的制度距离障碍最小。由于中国制度和文化传统的特殊性，中美之间的制度距离的差距最大，因此中国消费者需要跨越更大的障碍以适应美国文化。

其次，"文化适应"对消费行为存在显著影响，并且"文化适应"的程度越高，对本民族蔬菜的购买意愿越低，而消费主流市场产品的意愿越高。通过模型2~5的语言变量、居住时间变量、民族认同变量和文化认同变量证明了以上结论。

最后，与上文中提出的假设2的结论不同，通过本章的论证并没有直接的证据表明居住时间与消费行为之间存在明显的相关关系，这在一定的程度上反映出不同的文化之间可能存在的差异。与其他文化潜移默化和循序渐进的"适应"过程不同，美国文化的"适应"过程不具备该特点，消费者在"适应"过程中表现出的对本民族文化的忠诚或者对美国文化的接纳程度并不能通过接触文化的时间长短进行衡量。这从一方面反映出美国文化的强势性和全球影响力使得"文化适应"的过程加快，另一反面也反映出民族间的隔离使得少数族裔的居民表现出对主流文化的排斥。

模型2证明了假设1的结论，语言对消费行为的影响显著，对民族语言的依赖程度越高，消费民族蔬菜产品的意愿越强，从而对主流市场产品的消费起到抑制作用。该结论进一步论证了语言对于一个民族文化的重要性，消费者对母语的依赖性越强而对英语的接受力越弱会降低其对主流社会产品的消费倾向。从调研中我们也发现，在亚裔和西班牙语裔居民集中的社区，居民间的交

往均使用母语，社区与主流社会的隔离现象明显，居民在社区内部完成了生活的全部需求，并以购买本民族的产品为主。

模型4通过对"文化适应"最重要的变量"民族认同"的测量证明了假设3中提出的"民族认同"感越高，"文化适应"程度越低的结论，表现在消费行为上更倾向于消费本民族的产品，而对美国市场上产品的消费倾向低。通过对"文化适应"的3个变量烹饪习惯、家庭角色和民族自豪感的实证检验，我们得出消费者的民族认同感会降低其消费美国市场上产品的意愿。美国作为一个历史悠久的移民国家，形成了大规模的、为数众多的移民社区，尤其以西班牙语裔社区和唐人街为代表，居民的民族认同感强，几乎完全保留了母国的生活习惯，在社区内部生活和交往，由于其对美国文化的适应程度很低，也排斥适应的过程，以消费本民族的产品为主。

模型5证明了假设4的结论，对美国文化的认同程度越高，"文化适应"程度也越高，就会更倾向于购买主流社会的产品。这个结论表明对美国文化认同度高的消费者偏好美国的社会文化活动，表现在消费行为上就是在美国传统超市购买产品，并且把他当做主要的消费场所。美国文化作为全球文化，其包容性强、影响力广泛，在美国的大型超市COSTCO中，为满足各民族的消费者的需求提供了种类丰富的消费品，由于价格便宜、品质过关，是印度消费者、西班牙语裔消费者和中国消费者购买蔬菜和食品的主要场所之一。此外，美国全球文化的影响力，使得越来越多的移民也逐渐接受美国社会简单、健康和快捷的生活方式，在蔬菜和食品的购买上表现出与美国消费者的一致性。

由于Logistic模型中的系数并不反映影响程度，根据模型2~5的结果，我们计算出各个"文化适应"变量的边际效应。从结果可以看出，民族认同和文化认同变量的边际效应最大，其中民族自豪感的边际效应为-0.104，参与美国主流文化的边际效应为0.105，家庭角色的边际效应为-0.089。这说明，"文化适应"对消费行为影响十分显著，而要想从文化的角度改变消费行为，关键是从消费者的民族认同感以及对主流文化的认同入手，寻求提升其"文化适应"程度和增加消费倾向的途径。

控制变量中学历、职业和广告效应的影响比较稳定且显著，其中学历变量在 5% 的显著水平上对消费行为具有负影响作用，从结果看学历在高中水平以上抑制了民族产品的消费意愿，由此可以推断出高学历的消费者更倾向购买东道国的产品。职业变量在 10% 的显著水平下有促进本民族产品消费的作用，这说明被雇佣者在购买本民族产品上的消费意愿更高。广告在 10% 的显著性水平下有促进消费意愿的作用，以往的研究证明广告可以对消费者的心理起到一定的暗示作用，会促进消费者消费意愿向消费行为的转化，从调研的实际情况看，多种形式的广告宣传、包装讲究以及重视品牌效应，能够唤起消费者的购买意愿。从本研究的结果看，年龄、性别和婚姻状况变量对消费行为影响并不显著，并不能成为促进或者降低购买意愿的关键原因。由于 4 个民族消费者的母国不同，在本研究中把不同的国家变量也作为控制变量进行研究，但从实证的结果看，国家变量对消费行为的影响并不显著。

在模型 6 中，我们去除了控制变量的影响，只对"文化适应"和制度距离变量进行 Logistic 检验，变量的显著性仍然稳定。模型 7 中进一步去掉了不显著的"居住时间"变量，其他自变量的显著性稳定且方向没有发生变化。模型 8 中，检验所有的变量对消费行为的影响，各个自变量的显著性仍然稳定，方向没有发生变化且解释力度增强。模型 9 中，仅保留显著的自变量，对消费行为的影响进行研究，结果表明"文化适应"和制度距离变量的显著性稳定，方向没有发生变化且解释力度并没有减弱。

5.4　小结

本章从"文化适应"和制度距离的角度对美国 4 个少数民族上千名消费者的购买行为进行了研究。研究表明，在美国生活的少数民族消费者处于"二元文化世界"（Two-culture world），既不能割舍与母国文化的联系，又获得了主流文化的特质，表现为复杂的"文化适应"过程。实际上，本章的研究也印证了 Oswald（1999）的结论，即消费者通过日常用品的购买游弋在在两种文化中间，表达其在母国文化和主流文化间的选择。在特定的生活环境中，消费者个体间、文化间和社会间的相互关系和相互作用在食物的采购、选择、预备和消费过程中得到恰如其分的反映（Axelson，1986），因此，复杂的"文化适应"过程的最终结果既不是对某种文化的吸收同化也不是两个文化的反抗分离而是实现了文化和消费相互依赖的自然本质（Oswald，1999）。

实证检验的结论表明，"文化适应"显著地影响消费行为，当"文化适应"程度高时，消费者购买东道国产品的倾向就高，当"文化适应"程度低时，消费者更加倾向于消费本民族的产品，而"文化适应"程度的高低则主要取决于消费者所处的环境和自身的特征。因此将"文化适应"变量进一步分解为语言、居住时间、民族认同和文化认同四个变量，其中，对本民族语言的依赖性和民族认同感会降低消费者购买东道国产品的意愿，更加倾向于本民族产品的消费，而对主流文化的认同度高则会增加消费的意愿，居住时间并没有成为显著影响消费行为的因素。对"文化适应"过程更加深入的研究发现，制度距离在调节母国和东道国的文化差异中发挥着重要作用，如果国家间的制度距离大，在文化上达成共识的难度就大（Tadmor 和 Tetlock，2006）。母国和东道国间的制度距离成为"文化适应"的障碍，加大了"文化适应"的难度，在实证的结果中表现为制度距离越大，消费者在美国市场上消费的意愿越低，其中，中国消费者的制度差距最大，墨西哥消费者居于第二位，相对于波多黎各和印度消费者，需要跨越更大的"文化适应"障碍。消费者的学历和职业对消费行为的影响显著，其中高学历和被雇佣的消费者在美国市场消费的倾向更高，而广告效应有明显的促进消费的作用。

本章检验了多元文化背景下少数民族消费者是如何跨越制度距离的障碍而形成不同的"文化适应"状态，进而对消费行为产生影响。在此特别需要强调的是本研究的目的并不在于过多地关注少数民族消费者所形成的不同的"文化适应"状态，而是通过"文化适应"过程中少数民族消费者行为的特点对主流文化所代表的消费行为进行研究，实现主流文化在多种文化冲击下的不断完善，扩大主流文化的影响力和包容度，并且逐步本土化少数民族文化，以达到引导东道国市场消费需求和提升消费意愿的目的。

6 / 中国居民蔬菜消费研究

上一章我们对美国市场的蔬菜消费情况，以及在"文化适应"和制度距离的影响下消费者行为的特点进行了分析，结果表明"文化适应"和制度距离对消费行为有明显的影响，使得消费者的行为表现出一定的文化特点。本章将进一步分析中国市场上的蔬菜消费情况和"文化适应"、制度距离影响下的居民消费行为，并与上文内容形成对比。为此，本章对中国市场上的韩国消费者、美国消费者和本土消费者的蔬菜购买情况进行统计描述分析，并实证检验"文化适应"和制度距离对美国消费者和韩国消费购买行为的影响，通过与中国消费者的行为比较，总结消费行为的特点。

6.1 中国的蔬菜消费

中国是蔬菜生产和消费大国，蔬菜播种面积和总产量均占世界的 40% 以上，居世界第一。中国的蔬菜产业发展已逐步由规模扩张型向质量效益型转变，2010 年中国蔬菜播种面积约 18 999 900hm²，同比增加了约 5.3%；中国人均占有蔬菜量为 440kg，超出世界平均水平 200kg 以上[①]。中国蔬菜消费分为家庭消费、在外消费、加工消费和损耗四部分。家庭消费主要是指家庭的鲜菜消费，是中国蔬菜消费的主要组成部分；加工消费是指将蔬菜加工为蔬菜罐

---

① 《中国农产品加工年鉴 2011》

头、速冻蔬菜、蔬菜汁饮料、干制品、腌制品、糖制品等，主要用于出口；在外消费主要包括居民在外就餐的蔬菜消费；蔬菜的耗损是指蔬菜在地头采摘和运输以及销售过程中的损耗。

中国城乡人均家庭蔬菜消费量基本稳定（图6-1），其中农村家庭人均蔬菜消费量在2000年以来呈现轻微的下降趋势，城镇家庭的居民人均蔬菜消费量相对稳定。未来几年时间，随着我国人口的增加和城市化水平的提高，以及国家厉行节俭、反对铺张浪费和遏制公款在外消费的不断推进，家庭蔬菜消费量还会有相应的增加。

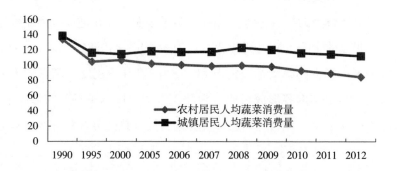

图6-1　我国城乡居民人均蔬菜消费

资料来源：《中国统计年鉴2013》

蔬菜消费受到收入的影响，不同收入组家庭蔬菜消费的差距不断减小。从总体的趋势看（表6-1），城镇高收入家庭人均消费量高于中等收入和低收入家庭，处于同一收入组的家庭的人均蔬菜购买量比较平衡。最高收入组家庭人均年购买量呈现比较明显的下降趋势；中等收入和高收入家庭人均年购买量经历上升趋势后，从2009年开始表现出下降势头，但总体呈上升态势；低收入家庭人均蔬菜消费量自2009年开始下降到比以前更低的水平。不同收入组家庭人均蔬菜购买量呈现逐步缩小的趋势，如最高收入组家庭与困难户间家庭之间的人均年购买量差距由1998年的40kg缩小到2012年约25 kg，2007年的差距仅为17kg，人均月购买量相差2kg左右。此外，由于中国地域宽广、民族众多，不同地区和民族间的蔬菜消费习惯也存在差别。比如从地区看，北方人比较喜欢根系类蔬菜，而南方人比较偏爱叶系类蔬菜；从民族差别看，在牧区、半牧区少生活的数民族居民喜食动物性食品，对蔬菜摄入量较少；而农区的民族喜食植物性食品，对蔬菜摄入量较多。

表6-1 按收入等级分城镇居民家庭平均人均蔬菜消费 （kg）

年份	总平均	困难户	最低收入户	低收入户	中等偏下户	中等收入户	中等偏上户	高收入户	最高收入户
1998	113.76	94.91	97.82	104.5	108.78	114.15	118.25	126.24	134.78
1999	114.94	96.57	99.8	106.53	110.54	114.11	120.09	124.77	138.2
2000	114.74	96.42	98.43	105.04	112.39	114.58	118.78	124.95	136.72
2001	115.86	97.73	100.74	108.78	112.67	116.45	119.51	124.86	135.14
2002	116.52	100.32	102.66	109.08	112.73	116.06	121.98	127.16	126.56
2003	118.34	103.04	105.03	110.25	116.33	117.4	124.09	129.91	124.97
2004	112.32	111.94	109.9	116.3	120.15	121.77	129.49	130.92	124.51
2005	118.58	105.22	101.44	111.0	116.87	121.07	126.00	127.76	118.79
2006	117.56	104.83	102.47	111.02	116.13	121.16	123.72	124.77	117.05
2007	117.8	96.22	92.74	105.28	114.93	122.04	127.98	129.22	125.48
2008	123.15	100.31	95.09	113.27	119.93	128.33	132.33	135.87	130.58
2009	120.45	97.43	93.75	111.64	116.98	126.2	130.36	131.21	127.68
2010	116.11	93.68	90.01	106.23	113.15	121.85	125.32	126.04	125.42
2011	114.56	94.52	90.44	102.27	113.11	120.06	123.36	124.78	120.42
2012	112.33	93.36	89.37	100.04	111.05	118.81	119.53	122.39	118.48

近年来人们的绿色消费观念日趋成熟，蔬菜消费呈现出多样化、高档化、新鲜化的趋势，中国家庭蔬菜消费对质量要求越来越高，"无公害、绿色、有机"蔬菜的需求越来越大。人们对蔬菜的消费不再局限于传统的大路菜，对净菜和特色菜的消费需求加大。从城市居民的生活消费支出数据分析可以看出，虽然城市居民家庭年人均蔬菜消费数量在减少，但年人均蔬菜消费支出的金额却呈增加趋势，以2011年和2000年的城镇居民人均蔬菜消费量为例，家庭人均蔬菜消费都在114kg左右，但扣除物价上涨因素，人均蔬菜消费支出2011年比2000年增加了87.5%，这也说明城镇居民蔬菜消费的品质在不断提高。

中国蔬菜加工产业迅速发展，蔬菜加工量明显上升，已形成了西北番茄酱加工基地、东部及东南沿海干制、罐头、速冻和腌制蔬菜加工基地。山东、福建、浙江、新疆、江苏、广东是中国蔬菜出口的主要省和自治区，脱水蔬菜加工也形成了东南沿海省份及宁夏、甘肃、内蒙古等西北地区产业带。虽然中国的蔬菜加工得到较快发展，但与同时期发达国家蔬菜的储藏与加工量占蔬菜总产量的 80% 以上、采后蔬菜利用率为 97% 的水平相比，中国仍然存在很大的差距。此外，中国蔬菜加工的增值比例较低，采后损失率高达 50%。从发达国家的经验看，蔬菜加工占蔬菜产量的比例大约年增 1%，中国蔬菜加工消费仍将以较快的速度增长。

6.2　样本与数据描述

　　根据中国第六次人口普查的数据显示，截至 2010 年年底，在中国居住的外籍人口中，韩国和美国成为排名最靠前的两个国家，其中中国境内居住的韩国人为 12.1 万人，美国人约 7.15 万人[①]。根据"驻华韩人会"的调查资料，目前在中国长期居住的韩国人大约有 40 万人，其中约有 10 万人生活在北京。在北京生活的韩国人主要形成了三大聚集区：望京、五道口和顺义。尤以望京地区的韩国人聚居规模最大、身份多元、阶层混杂、名声最大而最具有研究代表性。本书在调研中便以望京韩国人聚居区为例，进行了实地调研和数据的收集，掌握了其蔬菜消费的一手资料。

　　生活在中国的韩国消费者主要有 4 类人：第一为韩国各相关部门、公司企业、媒体、宗教系统等的派遣人员或驻中国人员，第二为创办经营各种实业公司、餐馆、店铺、咨询、医疗等创业人员，第三为继续学业的各种形式的留学生及其父母，第四为各类来华人员的随行家属等。其中，不乏一些韩国人举家迁入，购买了房产，打算长期居住。由于中国和韩国文化都深受儒家思想的影响，历史上具有特殊的渊源关系，两国的制度距离较小，韩国人聚集的小区都

[①]《全国人口普查条例》，2011

处于中韩居民混居的状态并没有出现韩国人高度隔离的社区。

韩国人对家庭观念十分看重，在中国的韩国消费者多以家庭为单位生活，在男权主义的社会伦理观念影响下，在家庭角色的分配上有显著的特点，家庭中的男性承担工作和养家的责任，女性操持家政。在调研中发现年龄稍长点的女性、老人多是为了陪伴亲人来到北京的韩国侨民，他们对全新文化环境的适应过程更长，对本民族聚居区的归属感和依赖感更加强烈，在亲友间交往中国更喜欢使用韩语，但他们也具备基本的中文能力，可以使用中文进行日常的交流和生活。年轻一代的消费者多为留学生、工作人员或者移民的二代，他们有较高的教育水平，有的就读于国际学校，对语言的掌控能力更高，可以较好的使用中文、韩语和英文。由于韩国人聚集在共同的社区中，社区的"韩国生态"显著，随处可见中韩双语标注的广告牌，韩国人开办的幼儿园、超市和餐馆林立，医院的医生会两国语言，朝鲜族人在书店、商场和医院等就业的也比较多。由于人口众多，居住地点集中，有威望的韩国人成立了专门的协会，通过定期组织韩国人的集会来交流感情和分享经验，还创办了韩文杂志和报纸，以便报导在北京的韩国人的生活情况和成功案例，必要时还会协助社区居委会调解中韩住户之间的矛盾，共同开展社区活动。

与在中国生活的韩国消费者不同，美国消费者的居住地比较分散，没有统一的集聚区，一般在北京的三里屯、中关村的高校（北京语言大学、中国人民大学、北京大学等）附近分布比较集中。与韩国移民类似，在中国生活的美国人主要也分为四类：各相关部门、公司企业、媒体、宗教系统等的派遣人员或驻中国代表；创办、经营和从事各种实业公司、餐馆、店铺、咨询、培训等机构的创业人员；继续学业的各种形式的留学生；各类来华人员的随行家属等。他们一般是自己或者以小家庭（夫妻或者情侣两个人）的方式生活，与本民族亲友的交往不如韩国移民那么便利，但也会定期的组织聚会和交流活动，与中国朋友的接触比较多使得他们对文化的接受能力和适应性更高，喜欢去中国的集贸市场和超市购买蔬菜。由于英语作为世界语言的通用性，他们对中文的掌握程度不高，日常生活主要使用英文和简单的中文交流。由于跟中国的制度距离差距加大，在生活方式和价值观上表现出较大的差异性，虽然愿意接受中国文化，但是却不能融入中国的生活圈，更加追求简单快捷和个性的生活方式，一般不喜欢做饭，经常外出就餐，对有机和绿色食品的要求很高，通常去固定的外国超市购买有机产品，并愿意为此多支付金钱。

6.2.1 问卷设计和调研

根据中国市场上本土消费者、韩国消费者和美国消费者的实际情况对罗格斯——新泽西州立大学和宾夕法尼亚州立大学的学者共同完成的英文问卷进行了修改和翻译。由于生活在中国的韩国人和美国人消费的特色民族蔬菜的种类并不多，因此在调研中并没有进行蔬菜品种的挑选，而是在调研问题中对购买的情境进行了设定，关注外国消费者"在中国的蔬菜品种丰富而且有类似替代产品时，购买本民族特色蔬菜的意愿"。问卷的问题主要围绕消费者消费态度、偏好、文化、习惯和人口统计信息展开以便评估"文化适应"对消费行为的影响。针对3个民族的消费者分别编制了3种问卷，每类问卷都使用两种语言编制（例如中国消费者的问卷使用英语和中文设计），问题采用5分的Likert-type标度法，从1（非常不同意）到5（强烈赞同）。

随后的调研工作也分为两个阶段继续，第一阶段是焦点消费者小组会议。该阶段是为保障整个调研任务的完成和后续大规模调研活动的顺利开展而进行的小范围的试调研，主要目的是对问卷的题目进行测试和修改，并对消费者的消费偏好、态度和文化传统进行初步的了解。这一阶段面向3个民族消费者同时进行的焦点组调研。此阶段为正式的调研，分别面向生活在北京和山东的少数民族消费者进行的现场调研，所使用是第一阶段修订的问卷。

6.2.2 样本和数据描述

本次问卷调查分别在北京市和山东省实地开展，其中韩国消费者的数据主要是在北京的望京地区通过实地调研取得，美国消费者分布比较分散，主要是在北京的三里屯、五道口的北京语言大学和山东省的英语培训学校中取得。调查者采用在街头、商店和咖啡馆内随机上前询问和实地发放问卷并回收的形式进行，为保障问卷的科学性，调查者会首先询问消费者的民族。调查时间

为 2013 年 6—9 月，样本总规模为 360 份，回收 321 份，有效问卷为 290 份，
31 份问卷来自蔬菜的非购买者（中国 6 份，韩国 11 份，美国 14 份），有效应
答率为 80.5%，其中中国消费者 89 份，韩国消费者 97 份，美国消费者 104
份。表 6-2 为数据的基本描述性统计结果。从总体来看，女性比例较高，占
56.6%，可见中国的市场家庭中购买蔬菜者主要为女性。年龄结构上以 21~35
岁者比例最高，其次是 36~50 岁者，65 岁以上者和 20 岁以下者比例较小，由
于 20 岁以下者一般没有固定收入，因此不是家庭的主要采购人选，65 岁以上
者一般不承担家庭的购买任务。家庭月收入在 1 万~2 万人民币者居多，其次
是 1 万元以下和 2 万~4 万元者。此次调研的受访者学历水平较高以本科和硕
士及以上为主，主要是由中国市场上国外消费者特点所决定的，中国市场上的
美国和韩国消费者多是留学生和跨国机构的工作人员，其学历水平一般较高。
从职业分布看，公司工作人员、私营业主和学生占绝大多数。未婚者比已婚者
稍多。本书调查样本在人口统计变量上的分布基本合理。

表 6-2　样本人口统计学特征

人口统计量	范围	民族							
		中国		美国		韩国		所有民族	
		频数	比例（%）	频数	比例（%）	频数	比例（%）	频数	比例（%）
性别	女	55	61.8	57	54.8	52	53.6	164	56.6
	男	34	38.2	47	45.2	45	46.4	126	43.4
	合计	89	100	104	100	97	120	290	100
年龄	20 岁以下	2	2.2	7	6.7	14	14.4	23	7.9
	21~35 岁	39	43.8	41	39.4	39	40.2	119	41.0
	36~50 岁	33	37.1	32	30.8	28	28.9	93	32.1
	51~65 岁	12	13.5	19	18.3	9	9.3	40	13.8
	65 岁以上	3	3.4	5	4.8	7	7.2	15	5.2
	合计	89	100	104	100	97	100	290	100

（续表）

人口统计量	范围	中国		美国		韩国		所有民族	
		频数	比例（%）	频数	比例（%）	频数	比例（%）	频数	比例（%）
学历	高中以下	3	3.4	5	4.8	8	8.2	16	5.5
	高中	6	6.8	11	10.6	15	15.5	32	11.0
	大学	46	51.6	53	51	65	67.0	164	56.6
	研究生及以上	34	38.2	35	33.7	9	9.3	78	26.9
	合计	89	100	104	100	97	100	290	100
职业	公司职员或公务员	60	67.4	30	28.8	22	22.7	112	38.6
	私营业主	7	7.9	18	17.3	9	9.3	34	11.7
	退休	8	9.0	7	6.7	10	10.3	25	8.6
	家庭主妇	5	5.6	9	8.7	14	14.4	28	9.7
	学生	3	3.4	31	29.8	35	36.1	69	23.8
	研究人员	6	6.7	9	8.7	7	7.2	22	7.6
	合计	89	100	104	100	97	100	290	100
家庭月收入（元）	1万以下	17	19.1	32	30.7	37	38.1	86	29.7
	1万~2万	38	42.7	37	35.6	22	22.7	97	33.4
	2万~4万	28	31.5	18	17.3	16	16.5	62	21.4
	4万~6万	5	5.6	11	10.6	14	14.4	30	10.3
	6万以上	1	1.1	6	5.8	8	8.2	15	5.2
	合计	89	100	104	100	97	100	290	100
婚姻状况	已婚	48	53.9	49	47.1	43	44.3	140	48.3
	未婚	41	46.1	55	52.9	54	55.7	150	51.7
	合计	89	100	104	100	97	100	290	100

注：表头"民族"一栏跨中国、美国、韩国、所有民族。

　　从调研的情况看，受到多种主观和客观因素的影响，中国市场上3个民数消费者的消费行为表现出许多特点，现在就影响消费行为的主要方面进行描述分析。

　　（1）消费者购买的频数和金额。从调研的情况看，3个民族消费者平均每个月购买蔬菜7次，其中中国消费者的购买次数最多，平均达到8.5次；平均每次消费大约在 70 元，其中韩国消费者平均每次消费 86 元，居于第一位，这主要是由于生活在中国的韩国消费者家庭人口数较多；美国消费者平均每次消费金额最少为 45 元，与其他两个民族不同，美国消费者更加喜欢外出就餐，因此蔬菜购买的次数少金额低；中国消费者居于中间，每次大约消费 51 元。

（2）消费者平时购买蔬菜的地点。对于生活在中国的美国消费者而言，传统的美国连锁超市（比如沃尔玛）、中国超市和社区市场是主要的购买场所，而与美国连锁超市相比，他们更加喜欢在中国超市购买蔬菜。约有 80% 的美国消费者会在中国超市购买蔬菜，40% 的美国消费者在社区超市购买蔬菜，35% 的美国消费者会在美国连锁超市购买蔬菜，此外还有约 35% 的消费者会在路边摊或在田间地头购买蔬菜。生活在中国的韩国消费者主要在韩国超市和中国超市购买蔬菜，约 60% 的消费者表示他们会在韩国超市购买蔬菜且购买数量占总数的比例超过一半，55% 的韩国消费者表示也会在中国超市购买蔬菜，约有 30% 的消费者会在大型的连锁超市（如沃尔玛和家乐福）购买。通过调查发现，韩国消费者对于韩国超市的青睐源于生活中所必要一种名为苏子叶的蔬菜在其他的超市较难买到，此外，韩国消费者多生活在韩国社区，社区中韩国超市云集，为消费提供了便利。中国消费者购买蔬菜的主要地点是集贸市场，该比例超过了 70%，尤其是对上了年纪的消费者和女性的消费者，在集贸市场购买的意愿更强且消费量超过总数的一半，他们认为集贸市场的蔬菜新鲜，质量较好。同时，超过半数的消费者表示中国超市也是经常消费的场所，约有 35% 的消费者表示会在大型连锁超市购物（比如沃尔玛和家乐福等），但多以年轻消费者为主。

对美国连锁超市、中国超市、集贸市场和韩国超市的蔬菜情况进行对比时，我们得出了有趣的结论：蔬菜的新鲜程度和质量被 3 个民族的消费者列为最重要的评价指标，从调研的情况看，就这 2 个标准而言，虽然大多数的美国消费者和韩国消费者都把中国超市作为重要的购买场所，但只有约 15% 的消费者认为中国超市的蔬菜品质高于美国连锁超市和韩国超市。尤其是蔬菜的质量，在调研中有 14% 的美国消费者认为中国超市的蔬菜质量高于美国连锁超市，而只有大约 10% 的韩国消费者认为中国蔬菜的质量高于韩国超市。这一方面是由于中国超市的蔬菜在新鲜程度、质量和食品安全上确实存在可供改进之处，另一方面也是由于外国消费者的文化观念所形成的印象，而天然的偏爱本国的蔬菜，认为本国的产品优于中国产品。但是大多数的消费者认为中国超市的蔬菜在品种和价格上优于其他的超市，蔬菜品种更丰富而价格更加便宜。从中国消费者的调研数据得出结论有所不同，大多数的中国消费者认为集贸市场的蔬菜品质更高，中国超市的蔬菜种类多并且价格便宜，并且蔬菜质量高于或者至少等于国外连锁超市。

此外，在调研中我们还发现蔬菜购买的新渠道不断涌现，尤其是在年轻的消费者群体中，通过电子商务进行网上购买的消费者数量日益增加，包括中国、韩国和美国消费者在内约有三分之一的年轻高收入消费者会通过网络，如沱沱工社、本来生活等网站购买有机蔬菜。社区菜店也是近年来新兴的购买地点，由于方便快捷受到越来越多的上班族的欢迎。

（3）影响蔬菜消费的客观因素。越来越多的消费者表示食品安全是他们选购蔬菜时考虑的重要因素，尤其是美国消费者，90%以上的美国消费者认为食品安全要素是影响选购的重要原因，他们对绿色蔬菜和有机蔬菜的概念比较清楚，并表示如果在食品安全可以保障的前提下，他们愿意为绿色有机的蔬菜多付钱，而几乎所有接受调查的美国消费者都表示，在中国食品安全的认证是个大问题，他们无法判断有机蔬菜的真伪。接近60%韩国消费者和中国消费者认为食品安全因素是影响选购的原因，尤其是年轻的消费者会尝试多种途径购买有机蔬菜，但他们也表示对绿色蔬菜和有机蔬菜的概念并不了解。在调研中超过一半的消费者认为蔬菜有益于身体健康，因此，会刻意的在每天的膳食中保证一定量的蔬菜。蔬菜的新鲜程度、质量和价格是消费者主要考虑的3个重要因素，在3个民族的消费者中，认为新鲜程度和质量非常重要的占比到90%，该比例在韩国和中国消费者中略高；约有80%的消费者认为价格公道合理是影响购买的重要性因素，从调研情况看该比例在中国消费者中略低。蔬菜品种丰富与否也会影响消费者的选择，在3个民族中认为该属性重要的占到90%。

而在其他的属性上不同的民族间有比较大的差异，比如蔬菜的包装，从调查的情况看，韩国消费和美国消费者认为包装重要的占到70%，而大多数的中国消费者认为包装并不重要；约有65%韩国消费者和70%的美国消费者认为包装上所反映的信息比较重要，而该比例在中国消费者中仅为50%左右。就蔬菜销售形式而言，韩国消费更加倾向于购买包装好的蔬菜，而中国消费者更加喜欢散装的蔬菜，他们认为散装的蔬菜更加新鲜并且可供挑选的余地更大。相比较而言，韩国消费者更加喜欢品牌蔬菜。

（4）影响蔬菜消费的主观因素。从3个民族消费者的调研中发现，消费者的蔬菜消费习惯有相同之处，比如消费者普遍认为交通条件便利是影响蔬菜消费的重要因素，在各个民族中的比重均达到85%，消费者一般是就近选择购买地点。与外地的蔬菜相比，本地种植的蔬菜更加受到消费者的青睐，这与食品安全和价格的因素息息相关。

此外，由于民族文化和生活环境等差异，不同民族的消费习惯存在明显的不同。美国裔消费者认为对蔬菜的熟悉与否并不是影响他们选购的重要因素，认为该指标重要的消费者仅占调查人员总数的1/3，而超过70%的韩国消费者和中国消费者都认为对蔬菜的熟悉程度会影响其购买意愿。同时，仅有10%的美国消费者认为其他家庭成员的偏好是影响消费的重要因素，但在韩国和中国消费者中该比例高达75%以上，其中超过85%的中国消费者认为家庭成员的好恶会影响蔬菜购买意愿，这反映出不同民族间文化传统上的不同，也与中国和韩国消费者多以家庭为单位生活直接相关。

（5）增加蔬菜消费的意愿。在调研的消费者中，约有36%的消费者认为他们在全年中增加了蔬菜的购买，超过一半的人认为蔬菜的消费相对恒定，就全年来看，并没有增加消费量。但针对特定的时间和场合，3个民族的消费者均表示会增加蔬菜的消费。

首先，民族节日是增加蔬菜消费的主要原因，在调研的3个民族消费者中，得到肯定回答的比例为85%，其中最低的是韩国消费者为80%，中国消费者和美国消费者中超过90%的人表示会因为庆祝民族节日而多消费蔬菜。其次，家庭和朋友聚会也是消费者增加蔬菜消费的重要原因，从3个民族消费者总体看该比例约达到80%。其中美国消费者的比例较低为60%左右，约

75%的韩国消费者表示会因为该原因而增加蔬菜消费,在中国消费者中该项比例高达90%。最后,家庭成员从学校或者出差回家也会增加蔬菜消费,在调研的3个民族消费者中,因为这个原因而增加消费的比例占到60%,其中美国消费者的比例最低。由于蔬菜的刚性需求,不少消费者表示不会因为特定的原因而特别增加购买,会按照每个月几次的频率有规律的购买。

综上所述,我们从实地调研中得出以下结论:一是,3个民族的消费者均表示会去不同的地方购买蔬菜,中国超市仍然是主要的选择,但消费者普遍认为中国超市的蔬菜质量有待提升。二是,蔬菜的客观属性,如产品质量、新鲜程度、价格和食品安全成为影响消费者选购的首要因素,其中蔬菜的食品安全状况尤其受到美国消费者的重视。三是,亚洲消费者在选购中受到家庭成员意愿的影响比较大,而与家人朋友的交往和参与本民族的社会活动也成为3个民族消费者增加消费的主要原因。四是,与其他两个民族的消费者相比,中国消费者对产品的包装、品牌和标签上的信息说明等附加要素较不敏感,关注度低,他们更加相信根据自己的生活经验判断蔬菜的质量。五是,出现了购买的新渠道,网上购买和社区菜店受到年轻消费者的追捧。

6.3 实证检验

6.3.1 变量设定

(1)因变量(Y)。本书在调研中对购买情境进行了设定,关注外籍消费者在东道国的蔬菜品种丰富而且有类似替代品的情境下,购买本民族特有蔬菜产品的意愿。因此,本研究的因变量为"购买本民族特有蔬菜品种的意愿(Willingness to buy)",该变量是一个哑变量。如果消费者在东道国的蔬菜品种丰富而且有相似替代品的情况下,仍愿意购买本民族特有的蔬菜品种,我们将因变量取值为1,否则取值为0。

(2)自变量。由于在第5章美国市场的实证部分对测量方法的经验研究进行了综述，在此不再赘述，自变量在选取上也保持了与第5章一致。

① 语言（Language）：本书采用消费者与亲友交谈时使用的语言作为语言变量，本变量为哑变量，如果消费者用母语与亲友交谈取值为1，使用其他语言取值为0。

② 新文化环境中生活的时间（Length of Residence）：本书采用消费者在中国居住时间作为自变量来测量"文化适应"对消费行为的影响。其中，居住时间少于5年取值为1，大于等于5年少于10年取值为2，大于等于10年小于20年取值为3，大于等于20年少于30年取值为4，大于等于30年少于40年的取值为5，大于等于40年少于50年的取值为6，大于50年的取值为7。

③ 民族认同（Ethnic Identity）：本书选用以下四个变量来描述消费者的民族认同感，衡量"文化适应"的对消费行为的影响：一是，家庭角色（Family roles），即家庭成员对某种蔬菜的偏好是否会影响消费者的购买决策，该变量是哑变量，其中1表示肯定，0表示否定。二是，以烹饪习惯（Cooking habits）为代表的民族文化，消费者在烹制菜肴时如果买不到合适的蔬菜会用本民族的其他蔬菜替代或者不使用该原料，则取值为1，当消费者使用其他民族的原料替代时，取值为0。三是，民族自豪感（Ethnic pride），以消费者对民族超市蔬菜质量的态度作为民族自豪感的代表，通过与美国超市的蔬菜质量进行对比，分别用1~5分表示其优劣程度，其中5表示质量高出很多，4表示好一些，3表示水平相当，2表示差一些，1表示差很多。四是，与本民族亲友的交往意愿（Social interaction with fellow ethnic group members），该变量为哑变量，1表示肯定，0表示否定。

④ 文化认同（Cultural Identity）：在此我们用以下两个变量衡量：一是，对主流文化的参与情况（Paticipate in dominant culture），本书用美国消费者和韩国消费者在中国传统超市（包括集贸市场）购物的情况来测量，该变量是哑变量，如果消费者表示会在中国传统超市购买则取值为1，否则取值为0。二是，参与的程度（Amount），使用在中国超市购买的比例表示对主流文化的参与程度，该变量是个哑变量，如果绝大部分的蔬菜都是在中国超市购买，则该

变量取值为1，否则取值为0。由于该变量与其他自变量存在共线性问题，最终没有体现在模型中。

⑤ 制度距离变量（Institutional Distance）：由于3个民族消费者分别来自不同的国家，其母国与中国之间必然存在制度距离，根据第4章我们提出的理论公式，分别计算得到美国、韩国与中国的制度距离数据。

（3）控制变量。本书选用以下几个控制变量：年龄变量，20岁以下设定为1，21~35岁为2，36~50岁为3，51~65岁为4，65岁以上为5；教育水平（Level of education）为哑变量，其中学历为高中以上，取值为1，学历为高中及以下取值为0；职业（Type of employment）为哑变量，其中被雇佣取值为1，其他取值为0；婚姻状况（Marital status）为哑变量，其中已婚取值为1，其他取值为0；性别（gender）为哑变量，其中女性取值为1，男性为0。消费者心理状态的因素同样会影响消费者的购买行为，广告（Advertisement）对消费者的行为有影响取值为1，否则取值为0。由于国家变量（Country）与其他变量存在共线性问题，为了保证研究的顺利进行，本章没有把国家变量列为控制变量。变量之间的关系如图6-2所示。

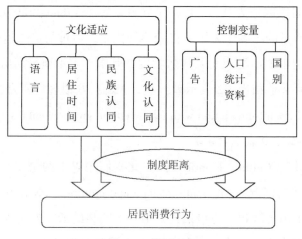

图6-2　变量关系

6.3.2　实证检验及分析

根据上述理论框架和因变量的特征，本书采用 Logistic 模型分析"文化适应"对购买行为的影响；由于数据来源是由个体提供的，而不是聚合的，在估计方法上选用极大似然估计，这样可以保证参数估计始终是一致的、有效的且渐进的。具体公式为：

$$y = \ln \frac{P}{1-P} = \alpha + \beta' x$$

其中，P 为消费者购买民族蔬菜的可能性；x 为模型的变量向量；β 为回归系数向量。

（1）共线性检验。在估计之前，首先对自变量的相关性进行检验，所有相关系数都低于 0.7 的临界值（结果见表 6-3，变量名称部分使用简写形式）。同时我们运用方差膨胀因子值（VIF）进行共线性检验，结果所有模型中的 VIF 值都在 1~5 的范围内，小于 5 的临界值，因而没有出现严重的共线性问题，详见表 6-4。

表 6-3　自变量相关系数

		1	2	3	4	5	6	7	8	9	10	11	12	13	14	15
1	WTP	1														
2	语言	0.204	1													
3	居住时间	0.121	0.159	1												
4	家庭角色	0.096	-0.191	0.520	1											
5	烹饪习惯	0.002	-0.023	-0.155	-0.201	1										
6	民族自豪感	0.188	0.142	0.399	0.267	-0.250	1									
7	本民族交往	0.144	-0.045	0.418	0.338	-0.085	0.238	1								
8	参与主流文化	0.003	0.058	-0.331	-0.246	0.127	-0.159	-0.163	1							

（续表）

		1	2	3	4	5	6	7	8	9	10	11	12	13	14	15
9	制度距离	-0.032	-0.159	-0.641	-0.521	0.207	-0.461	-0.411	0.441	1						
10	年龄	0.021	0.090	0.308	0.141	-0.049	0.111	0.095	-0.008	-0.224	1					
11	婚姻	0.017	0.039	0.307	0.096	-0.058	0.126	0.129	-0.033	-0.219	0.680	1				
12	学历	0.184	0.008	0.064	0.125	-0.047	0.089	0.090	-0.067	-0.174	0.139	0.166	1			
13	性别	-0.012	0.033	0.153	0.262	-0.104	0.163	-0.049	0.022	-0.212	0.0530	0.058	-0.071	1		
14	职业	0.171	0.003	0.293	0.125	-0.0480	0.203	0.158	-0.169	-0.358	0.142	0.220	0.457	-0.037	1	
15	广告	-0.014	-0.027	-0.066	-0.100	-0.082	-0.073	0.016	-0.033	0.094	-0.172	-0.178	0.063	-0.032	0.012	1

表6-4　膨胀因子表

变量	语言	居住时间	家庭角色	烹饪习惯	民族自豪感	本民族交往	参与主流文化	制度距离
VIF	1.230	4.200	1.820	1.120	1.350	1.330	1.330	4.780
1/VIF	0.814	0.238	0.549	0.893	0.741	0.754	0.754	0.209
变量	年龄	婚姻	学历	性别	职业	广告	mean	
VIF	1.950	2.020	1.380	1.200	1.470	1.100	VIF	
1/VIF	0.513	0.496	0.722	0.836	0.679	0.905	1.880	

（2）结果分析。表6-5中模型1~4分别从"文化适应"的四个变量对消费行为的影响进行了估计，模型1中语言的系数为1.601（P<1%），模型2中居住时间的系数0.186（P<10%），模型3检验民族认同对消费行为的影响，其中烹饪习惯对消费行为的影响并不显著，而其他3个衡量"文化适应"的变量——家庭角色、民族自豪感、与本民族亲友交往的意愿则分别在10%、5%和10%的显著水平下对消费行为产生正影响，系数分别为0.727、0.782和0.752。模型4检验了文化认同对消费行为的影响，结果显示文化认同的影响并不显著。模型5估计了制度距离对消费行为的影响，系数为0.751（P<1%）。由此我们得出结论，"文化适应"和制度距离对消费行为有显著的影响。模型6检验了"文化适应"和制度距离的所有变量对消费行为的影响，每个变量的显著性和方向与单独检验时保持一致，变量显著性稳定，解释力增强。模型8中加入了控制变量后，"文化适应"和制度距离变量的显著性和方

表 6-5 模型估计结果

	模型1	模型2	模型3	模型4	模型5	模型6	模型7	模型8	模型9
解释变量									
语言	1.601***					2.140***	2.112***	2.300***	2.254***
	(2.65)					(3.08)	(3.03)	(3.14)	(3.09)
居住时间		0.186*				0.378*	0.379*	0.592**	0.593**
		(1.70)				(1.65)	(1.66)	(2.27)	(2.28)
家庭角色			0.727*			0.712*	0.707*	0.710*	0.753*
			(1.68)			(1.70)	(1.66)	(1.67)	(1.76)
烹饪习惯			0.267			0.210		0.190	
			(0.85)			(0.64)		(0.54)	
民族自豪感			0.781**			0.923**	0.875**	0.900**	0.853**
			(2.29)			(2.41)	(2.32)	(2.26)	(2.19)
本民族交往			0.752*			0.701*	0.700*	0.736*	0.724*
			(1.79)			(1.77)	(1.78)	(1.75)	(1.73)
参与主流文化				0.015		-0.207		-0.243	
				(0.05)		(-0.51)		(-0.57)	
制度距离					0.751***	0.776***	0.752***	1.088***	1.055***
					(2.45)	(2.92)	(2.97)	(3.64)	(3.72)
控制变量									
年龄	-0.026	-0.023	0.005	0.021	0.033			-0.069	-0.078
	(-0.13)	(-0.12)	(0.02)	(0.11)	(0.17)			(-0.32)	(-0.36)
婚姻	-0.164	-0.254	-0.267	-0.195	-0.193			-0.352	-0.357
	(-0.38)	(-0.59)	(-0.61)	(-0.46)	(-0.45)			(-0.75)	(-0.76)
学历	-0.622*	-0.659*	-0.617*	-0.598*	-0.604*			-0.854**	-0.840**
	(-1.74)	(-1.86)	(-1.72)	(-1.70)	(-1.72)			(-2.10)	(-2.07)
性别	-0.016	-0.04	-0.055	0.016	0.052			0.121	0.082
	(-0.05)	(-0.13)	(-0.17)	(0.05)	(0.17)			(0.34)	(0.23)
职业	-0.757*	-0.788*	-0.766*	-0.743*	-0.774*			-0.721*	-0.723*
	(-1.86)	(-1.94)	(-1.88)	(-1.82)	(-1.90)			(-1.79)	(-1.79)
广告	-.0117	-0.124	-0.069	-0.019	-0.134			-0.227	-0.235
	(-0.37)	(-0.4)	(-0.22)	(-0.39)	(-0.43)			(-0.65)	(-0.69)
_cons	-1.012*	0.116	-0.353	0.457	0.560**	-4.814***	-4.759***	-6.379***	-6.272***
	(-1.73)	(0.46)	(-0.94)	(1.56)	(2.23)	(-3.86)	(-3.82)	(-4.38)	(-4.34)
N	201	201	201	201	201	201	201	201	201
r2_p	0.030	0.011	0.038	0.000	0.001	0.105	0.103	0.155	0.153

注：括号内的变量为标准误差，***、**、*分表代表在 1%、5% 和 10% 的水平上显著

向并没有发生变化，模型的解释力进一步增强。最后在模型 9 中，去掉了不显著的解释变量，得到的最终模型解释力没有明显的减弱，且"文化适应"和制度距离变量的显著性和方向没有发生变化。

从估计结果可以看出，在控制变量不变的情况下，"文化适应"和制度距离对消费者购买行为的影响十分显著，证明了我们在第 4 章提出的假设，外籍消费者"文化适应"的程度越高，对本民族特有产品的消费意愿就越高，从而抑制了对主流社会产品的消费。

首先，制度距离对消费者的购买行为在 1% 的显著性水平下具有正影响，证明了我们在第 4 章中提出的假设 5 的结论：母国和东道国之间的制度距离越大，消费者"文化适应"的难度越大，对购买行为的影响也越大。因此，与中国制度差距较小的韩国其消费者"文化适应"的难度较小，更有利于消费者的"文化适应"过程，提升中国主流产品的消费意愿。相比之下，美国消费者需要跨越更大的制度距离障碍以适应中国文化。

第二，"文化适应"对消费行为存在显著影响，通过模型 1~4 中的语言、居住时间、民族认同和文化认同四个变量的检验，得出结论：消费者对母语的依赖程度越高，对本民族认同感越强，"文化适应"程度越低，在中国市场上消费本民族特有产品的倾向就越高，而对主流产品的消费意愿越低；居住时间增加并没有提升消费者的"文化适应"程度，反而抑制了对主流产品的消费；对中国文化的认同没有对消费行为产生显著影响。具体分析如下。

语言对消费行为有显著影响，与假设 H1 的结论相同：对母语的依赖程度越高，"文化适应"的水平就越低，从而降低了消费者购买东道国产品的意愿。由此可见，语言作为民族文化传承的重要载体，在"文化适应"过程扮演着重要的角色。通过实地调研我们发现虽然大多数的韩国消费者具备了基本的中文交流能力，但读写能力仍然较差；相比之下，美国消费者的整体中文水平要低于韩国消费者，在购买中通常使用英文交流。因此，对外籍消费者而言，语言的障碍仍然难以跨越。在产品上进行双语的标注和解释说明，并且提供双语的服务和指导，旨在减小语言在"文化适应"过程中的障碍作用，有利于提升消费者对东道国产品的购买意愿。

居住时间与消费行为之间存在明显的正相关关系，说明居住时间并没有提高消费者的"文化适应"程度，反而促进他们对本民族蔬菜的消费，与我们之前假设 H2 提出的"居住时间越长，"文化适应"程度越高，对东道国产品的消费起到促进作用"结论相反。与美国市场上居住时间对"文化适应"影响不显著的结果不同，在中国市场上，居住时间对"文化适应"起到反作用。中国文化没有发挥其潜移默化的影响力主要由以下两点原因：一，中国文化含蓄和包容的特点造成对消费者的文化引导意识不强，对产品的文化内涵包装和宣传不够。二，外籍消费者对中国蔬菜在新鲜程度、口感、质量、卫生安全等属性上最初印象并没有改观，使得他们形成了本民族特有的蔬菜品种更优或者本民族商场出售的产品更优的观念。

民族认同对消费行为有显著的影响，证明了上文中 H3 的结论，在 10%、5% 和 10% 的显著水平下家庭角色、民族自豪感、与本民族亲友的交往意愿均表明对本民族的认同感越强，"文化适应"程度越低，购买本民族特有蔬菜产品的意愿越高，对主流市场产品的消费意愿降低。在中国生活的韩国消费者聚集在相对集中地区，虽然没有形成与主流社会隔离的状态，但他们的民族认同感强，更加注重民族内部的交往，大多在社区内部的民族环境中满足生活需求。相比之下，美国消费者的居住环境更加分散，与中国文化的接触更广泛，他们愿意尝试和接受新的文化事物，但由于自身的文化特点较强，导致了美式生活方式的延续，阻碍了"文化适应"的进程。因此，在中国市场上，维持移民内部的和谐稳定，保持适度民族认同感的同时，还要注重对中国文化观念的推广，加强中国文化实力的建设，在多元的文化背景下创造一个和谐、包容、自由的文化环境，注重从文化的领域对消费进行引导。

假设 H4 指出对东道国文化的认同程度越高，"文化适应"程度也越高，就会越倾向于在东道国的市场上消费，但从本章的结论看，文化认同对消费行为的影响不显著。这更加印证了我们在上文中的分析，第一，中国文化虽然具有和谐、亲和、兼容并包的特点，但其对全球消费者的影响力有待提高，从文化上引导消费的意识也有待加强。第二，中国市场上产品的包装并不精良，广告宣传力度不大，品牌意识较差，消费者的文化认同感不高。虽然多个国家的消费者均表示会在中国超市购物，而中国超市在蔬菜的品种和价格上也具备优势，但消费者并没有形成忠诚度，选择本民族的特有产品或者在本民族超市购买的意愿仍然很大。

第三，由于 Logistic 模型中的系数并不反映影响程度，在此我们计算出各个"文化适应"变量的边际效应。从结果可以看出，语言和民族认同变量的边际效应最大，其中语言的边际效益为 0.497，而民族认同的 3 个变量家庭角色、民族自豪感和与本民族亲友的交往意愿的边际效应分别为 0.168、0.191 和 0.168。这进一步说明"文化适应"对消费行为影响十分显著，而要想从文化的角度改变消费行为，关键是从消费者的语言交流和民族认同感入手，寻求提升其"文化适应"程度和增加消费倾向的途径。

最后，控制变量中学历、职业对消费行为的影响比较稳定且显著，其中学历变量在 5% 的显著水平上对消费本民族特有产品的行为起到负向作用，从结果看学历在高中水平以上有促进中国产品消费的意愿，由此可以推断出高学历的消费者更倾向于消费中国的产品。职业变量在 10% 的显著水平下与本民族特有产品的消费意愿负相关，这说明被雇佣者对中国产品的消费意愿更高。由于被雇佣的消费者可以通过工作环境更深入的了解中国文化并拓展人际交往，从而具备了较好的"文化适应"环境，而较高的"文化适应"水平会促进其消费东道国的产品。从本研究的结果看，年龄、性别和婚姻状况作为控制变量对消费行为影响并不显著，并不能成为促进或者降低购买意愿的关键原因。与上一章美国市场的研究结论不同，广告对消费意愿影响并不显著，主要源于中国商家对蔬菜产品的包装和宣传并不关注，也缺乏品牌意识，不能利用互联网、电视、广播等媒体的宣传导向来引导消费者需求，提升消费意愿。

6.4　小结

本章从"文化适应"和制度距离的角度对生活在中国的韩国消费者、美国消费者进行了实证研究，并对 3 个民族的购买行为进行了对比。研究表明：生活在中国的外籍消费者的消费行为受到"文化适应"和制度距离的显著影响，制度距离加大了"文化适应"的难度，而"文化适应"程度显著影响了消费者在中国市场的消费行为。消费者的"文化适应"程度越高，越倾向于购买东道国的普通消费品，而"文化适应"程度越低，对本民族特有产品的消费意愿越高。

首先，不同国家间的制度差距增加了"文化适应"的难度，国家间的制度差距越大，"文化适应"难度越大，表现为韩国消费者需要跨越的制度距离障碍较小，更容易适应中国文化而增加对东道国普通产品的消费倾向。

其次，"文化适应"程度对消费行为有显著的影响，通过将"文化适应"变量进一步分解为语言、居住时间、民族认同和文化认同4个变量，我们证明了以下结论：第一，对本民族语言的依赖促进了消费者对本民族特有产品的消费，通过提升公共服务以及为国外消费者提供的多种语言的购买环境，减少"文化适应"过程中的障碍，为转变消费意愿创造便利的外部环境；第二，国外消费者在中国的居住时间越长并没有增加"文化适应"程度，仍然表现出对消费本民族特色产品的促进作用，这反映出多元文化背景下，中国文化在引领消费上的缺失，必须加强文化实力的建设。第三，移民的高民族认同感提升了本民族特有产品的消费意愿，因此在建设移民内部团结稳定的生活环境的同时，更要加强包容的市场环境和兼容并蓄的文化环境的培养，增加消费者"文化适应"的程度，提升消费对主流产品的消费意愿。第四，对主流文化的认同感并没有成为促进消费的因素，今后的文化建设中，仍然要注重对移民的文化引导，把中国文化建设成为强文化。

最后，消费者的学历和职业对消费行为的影响显著，其中高学历和被雇佣的消费者对东道国的普通产品的消费意愿更高，而广告效应并没有明显的促进消费的作用，今后应该更加注意通过媒体进行文化宣传和品牌包装以扩大中国市场的文化影响力。

7 / 结论与启示

7.1 主要结论

本书从"文化适应"的角度，以蔬菜的消费为例，研究了中美两国消费者跨越制度距离障碍的消费行为，得出了以下主要的结论。

第一，中美两国的整体消费模式、消费理念和消费结构表现出较大的差异性。美国是典型的高收入—高消费—低储蓄的超前消费模式，虽然受到金融危机的影响，消费出现回归现实的迹象，但由于美国信用市场的根基未被动摇，消费驱动的经济增长方式没有改变，仍将维持靠消费拉动的经济增长模式，短期内储蓄率不会升高。中国是高储蓄低消费率的谨慎型消费模式，居民储蓄率连年攀升，而消费率逐年下降，居民的消费增长率低于同期经济的增长率和世界平均水平。从消费结构看，美国居民开始由过度的享乐型消费向基本的保障型消费过度，减少了在娱乐、交通和汽车等享乐型消费的支出，更加注重维持食品、居住、医疗等保障性消费。而在食品的消费上更加注重对营养、健康和安全生活品质的保障，谷物和蔬菜的消费表现出逐年增长的势头，对肉类消费尤其是红肉的消费则逐年下降。中国居民在消费结构上表现出明显的城乡差异，但是享乐型和发展型消费均表现出明显的增加趋势，逐步向国际水平靠近。食品的消费结构上，城乡差别比较明显，城镇居民出现追求健康、营养和安全消费的趋势，表现为蔬菜的消费增加、主食的消费量减少、对猪肉的消费量减少、增加了牛羊肉消费。农村地区居民食品消费水平的增加整体小于城镇居民，而且蔬菜和粮食的消费呈现出逐年减少的状态，猪肉的消费量显现出增加趋势。由此可见，我国居民在消费模式、消费理念和消费水平上都需要加以正确的引导，以提升整体的消费水平、形成健康的消费模式。

第二，通过 1978—2012 年的平均消费倾向数据说明，中国的城乡居民消费倾向长期内表现出下降趋势，长期内把主观因素纳入到消费倾向的研究，是提升中国居民消费倾向和整体消费水平的关键。凯恩斯从经济现象中抽象出边际消费倾向递减的规律，是排除文化、制度、年龄、种族、性别等主观因素的干扰后得出的收入和边际消费倾向的基本关系，作为短期内消费倾向的基本规律得到证明和认可。而随着时间的延长，这些主观因素必然要发挥作用，加之收入变化后消费所表现出的刚性，在长期的消费倾向研究中必须要考虑主观因素的影响。因此，我们从文化和制度的视角研究居民消费倾向具备实践意义和理论基础，这是本书从"文化适应"和制度距离的研究消费行为的宏观理论。在具体研究过程中，文化价值观的提出，使得"文化适应"程度的测量具备了微观的理论依据。运用个人价值观的直接测量方法，在"文化生活类型量表"（Cultural Life Style Inventory，CLSI）和前人经验研究成果的基础上，形成反映个人价值观的 4 个维度：语言、居住时间、民族认同和文化认同并对其进行测量，以个人价值观反映群体的文化价值观这一文化的核心内容。而霍夫斯泰德（1983）提出的制度距离量表所包含的 5 个维度的测量体系为我们研究制度差异对"文化适应"的影响提供了科学的研究方法，研究变量确定后，我们提出了关于消费行为的"文化适应"和制度距离与居民消费行为的假设。

第三，通过 Logistic 模型对美国东海岸 16 个州亚裔（华裔和印度裔）消费者和西班牙语裔（墨西哥裔和波多黎各裔）消费者的消费行为的实证检验证明"文化适应"程度和制度距离差异显著的影响消费者在东道国的消费行为。当"文化适应"程度高时，消费者对东道国的产品消费倾向高，当"文化适应"程度低时，消费者更加倾向于消费本民族的产品，而"文化适应"程度主要取决于消费者所处的环境和自身的特征。据此将"文化适应"变量进一步分解为语言、居住时间、民族认同和文化认同 4 个变量，其中，高民族认同会降低消费者对美国产品消费的意愿，而对主流文化的认同度高则会增加消费的意愿，居住时间并没有成为显著影响消费行为的因素，对本民族语言的依赖性促进了消费者对民族产品的购买。考虑到制度距离变量，国家间的制度距离大，消费者"文化适应"的难度越大，实证结果表明制度距离越大，消费者在美国市场上消费的意愿越低，相对于波多黎各和印度消费者较小的制度距离，中国消费者和墨西哥裔消费者需要跨越更大的"文化适应"障碍。消费者的学历和职业对消费行为的影响显著，其中高学历的消费者购买美国产品的倾向更高，被雇佣的消费者更倾向于本民族产品的消费，而广告效应有明显的促进消费的作用。

第四，通过 Logistic 模型对生活在中国的韩国和美国消费者的实证检验表明，国外消费者的消费行为受到"文化适应"和制度距离的显著影响，制度距离加大了"文化适应"的难度，而"文化适应"程度显著影响了消费者在中国市场的消费行为，具体表现为"文化适应"程度高促进了东道国产品的消费，而"文化适应"程度低使本民族特有产品的消费意愿更高。首先，不同国家间的制度差距增加了"文化适应"的难度，国家间的制度差距越大，"文化适应"难度越大，表现为韩国消费者需要跨越的制度距离障碍小于美国消费者，因而更容易适应中国文化而提升在中国市场的消费倾向。其次，"文化适应"程度对消费行为有显著的影响，通过将"文化适应"变量进一步分解为语言、居住时间、民族认同和文化认同 4 个变量，我们证明了以下结论：第一，语言有促进本民族产品消费的作用，通过提升公共服务以及为国外消费者提供便利的多种语言环境，可以减少"文化适应"的障碍；第二，国外消费者在中国的居住时间越长并没有增加"文化适应"程度，仍然表现出对消费本民族特色产品的促进作用，这反映出多元文化背景下，中国文化引领消费上的缺失，必须加强中国文化实力的建设；第三，移民的高民族认同感提升了消费本民族特有产品的意愿，因此建设移民内部团结稳定的生活环境的同时，更要加强包容的市场环境和兼容并蓄的文化环境的培养，增加消费者"文化适应"的程度，提升消费对主流文化产品的消费意愿；第四，对主流文化的认同感并没有成为促进消费的因素，可见在今后的文化建设中，仍然要注重对移民文化引导。最后，消费者的学历和职业对消费行为的影响显著，其中高学历和被雇佣的消费者对中国蔬菜产品的消费倾向更高，而广告效应并没有明显的促进消费的作用。

7.2 启示

从上文的研究结论看，本书从"文化适应"和制度距离的角度得出了非常显著的研究结论，因此，要想全面提升中国市场的消费倾向，关键是要从文化视角入手，塑造我国自己的文化软实力，走全球化背景下的文化引领消费之路。同时也要看到中国市场与现代发达市场间的差距，从中国的实际出发，提升蔬菜产品的整体品质，满足消费者日益增长的需求。

7.2.1 产品竞争力的整体提升

（1）蔬菜的质量和食品安全状况得到全面提升。提升消费者购买中国蔬菜产品的意愿，最为重要的是提高消费者对蔬菜的新鲜度、口感、卫生安全和营养健康等属性的满意度。

消费者在蔬菜消费决策过程中愿意为健康和安全的绿色农产品支付一定的溢价，尤其是对事关安全和健康问题的生活必需品。因此，可以从与消费者、生产经营者的内在利益挂钩的激励机制的设计入手，以提升蔬菜产品的质量和食品安全。首先，可以通过适当的税收手段提升蔬菜的价格，内部化蔬菜生产的成本，促进生产者的积极性，保障产品的生产质量和口感。其次，政府要加强对蔬菜产业的投资，尤其是要加强基础设施建设，建立以公益性中央批发市场为主体的蔬菜流通新体系，与蔬菜补贴形成互补。再次，对于供给过剩的蔬菜产品，应该由政府出资统一收购作为储备，以此保持产品的合理价格，维护生产者的利益。

最后，对于绿色农产品的正规供应渠道少、供应品种不够丰富、市场秩序和市场环境有待完善、消费者买不到放心的绿色产品等相关问题，则应该由政府制定包含产品质量标准、产品流通方式、产品包装、商品存储设施标准、市场预测及广告发布等内容的市场规范，以增加正规销售渠道、规范市场秩序。同时还应形成蔬菜科技链以创新蔬菜科技转化和推广机制，并加强与龙头企业、专业合作组织和蔬菜园区的合作，满足消费者对特色蔬菜产品和新蔬菜品种的需求。

（2）注重消费品包装的改进和品牌知名度的宣传，提升产品的文化内涵。受中国含蓄、内敛的文化传统影响，中国蔬菜生产者在产品的包装、广告宣传方面与世界发达国家的相距甚远，因此，要在借鉴国外经验的基础上，提高产品的文化内涵。

对于中国市场上的国外消费者而言，蔬菜包装是重要的选购指标，必须在蔬菜的包装上加以改进。对于散装的蔬菜，可以提供简易的包装；对于不易包装的产品则可在销售货架上放置有关蔬菜的营养价值、食用和制作方法、储藏保鲜方法等宣传资料以及醒目的倡导消费者多食用蔬菜有益健康的宣传标语；而对已经提供了包装的蔬菜，可在包装上贴上标签，并注明蔬菜的营养成分和含量等详细信息。

针对消费者心理特点，有的放矢的增强宣传效果。在调研中发现中国消费者和韩国消费者都非常注重家人在选购中的意见参与，因此可以强调绿色蔬菜对于儿童、青少年和老人健康的作用，还可以让未成年人亲身体验烹饪蔬菜、品尝菜肴并制作食用蔬菜电视宣传节目，提升年轻消费者的购买热情。而中国消费者的从众意识和模仿意识较强，则可以依靠绿色消费代言人充当信息传播的意见领袖，加强对普通消费者的宣传教育，鼓励消费者购买。就美国消费者对中国蔬菜市场的食品安全忧虑，可以通过向消费者提供公开透明的生产流程，并搭建蔬菜产业信息平台得到改善，消费不仅可以获得蔬菜的品质信息，更重要的是对蔬菜在生产、储存、运输、加工等全产业链的作业标准、安全指标及其对于环境保护的功能做到全方位的追踪，以强化消费者对于绿色蔬菜消费的积极态度。此外，中国文化特别强调人与自然的和谐，把人当作自然环境的一部分，中国文人追求质朴、纯真的生活品质和内心世界的纯粹从蔬菜和绿色蔬菜产品的消费中可以得到很好地反映，因此要挖掘和吸收中华传统文化中的积极成分，弘扬传统的文化价值观，寻找蔬菜消费和中华文化的契合点，在全社会宣传和推广蔬菜消费，提升居民的消费意愿。

7.2.2 创造稳定的内部生活环境和便利的外部公共服务环境

在中国生活的国外消费者有其相对集中的生活区域，但又较好的保持了与主流社会的互动交流，并没有形成美国社会中民族相对隔离的状态。而"文化适应"中的民族认同感则显著的影响居民的消费行为，对本民族的认同感和归属感有利于提升本民族特有蔬菜产品的消费意愿，降低了对中国的蔬菜品种的消费。因此，在保持外来移民生活环境的和谐稳定，做好移民社区的服务和安置工作的基础上，有目的的为其生活和购物提供良好的外部公共服务，减少"文化适应"的阻力，将有利于提升外籍消费者对中国文化的认同感。

首先，发挥多元主体的能动作用，在相关政府部门配合下，构建不同民族、不同文化互相沟通的平台，做好社区自治，创建稳定和谐的生活环境。在外国居民相对密集的社区，面对不同文化背景的居民，发挥基层社区组织的核心作用，积极调动社区居民、志愿者以及社区自治组织、社区中介组织等非政府组织的力量，参与到各种社区文化生活活动中，以此增进不同国籍住户的交流和沟通，增强他们对社区、对中国的认同感和归属感。通过对社区建设的共同参与和共同生活环境下的社会化交往，使不同社会属性的成员之间构建起一种新型的相互谦让和认同的社区人际关系。尝试建立由各民族成员代表共同参与的自治组织构架，搭建日常议事和解决分歧的平台，培育和创建示范性和谐社区。

其次，主动了解外国消费者的需求，积极探索为外籍人口提供公共服务的社会化途径，为其生活和消费提供便利。在外籍消费者密集的区域，比如北京的望京、五道口、王府井、三里屯等商业区增加双语的指示和产品消费说明，由于英语在全球的普及水平较高，使用英语进行双语标注后会大大减少外国消费者的"文化适应"难度，方便选购。另外，在中国超市中增加外籍消费者所需要的特色民族产品，单从蔬菜消费的情况看，民族间真正有差异的品种较少，此举具备很强的可操作性。与此同时，增加专门的民族超市的数量并加强对民族超市的管理，提升消费的便利性。

最后，培养居民多元文化背景下的跨文化的交际能力，并以积极的态度面对多元的文化环境，增加消费者对中国文化的认同感。对中国普通的民众而言，要以开放和尊重的态度去面对当今的多元文化环境，对不同民族文化怀有包容之心，并且主动通过各种途径去了解其他文化的特征和掌握跨文化的知识和技能。对消费场所的工作人员而言，要通过语言培训和跨文化的知识普及，提升跨文化交际的多元文化意识，比如在国外消费者聚集的商业区域雇佣精通双语的销售人员或者服务人员，以应对外国消费者由于语言差异所造成的文化障碍和交流冲突。最终，使中国以更加开放、包容、和谐的社会环境和文化态度为不同文化背景的消费者创造更加便利的消费条件，增加他们对中国文化的认同。

7.2.3 着力打造中国文化的软实力

研究结论表明，虽然存在制度距离的差距，但"文化适应"过程还是显著影响了消费者的购买行为。我们还应该特别注意到，与美国市场上文化认同对购买行为的积极影响不同，对中国文化的认同与消费行为之间并没有显著的相关关系，这说明与美国全球化的文化相比，中国文化的实力还有待增强。在吸收中国特有的文化传统和道德教化的基础上，打造面向全球的中国文化软实力，创造中国特色的具有认同性、包容性、创新性和扩散性的文化，从文化角度引领全球的消费，是提升中国市场消费水平的关键。

增强中国的文化实力，要充分传承和开发丰富悠久的中华文化遗产。研究发现，个人主义并不能解释美国甚至是西方人民文化价值观的所有方面，大部分美国人都把"国家""集体"，尤其是"家庭"和"孝顺父母"放在非常重要的位置（韩瑞霞等，2012），而对于整个东方世界，中国传统文化的家庭、伦理、兼爱、孝道、集体主义观念备受推崇，成为东亚各国的治世之道。这说明中国传统文化价值观在国际社会有很高的认同度，在增强中国文化实力时，不仅要传承中华文化的优秀传统，还要不断扩展其外延，其实具备世界性和普适性。

发挥中华文化的"和合"精神，塑造包容、亲和的文化体系。由儒家"集体主义"观念发展起来的"和合"思想是中国传统文化的内核，并且随着社会和历史的发展被赋予了时代内涵。"和合"思想既体现了中国处理人与人关系、人与自然关系时所推崇的"和为贵"的"和谐"大意，又包含了"和而不同"的多元共存观念，中国人正是以悠久的"和谐"理念包容了 56 个民族的文化、港澳台的多元文明和西方的价值观。因此，增强中国文化的吸引力，就要传承中国文化"和谐"的核心理念，并以更加包容的姿态鼓励和发展多元文化，加增与多元文化共享共处、兼容并蓄、提炼创新，既开放又凝聚，形成主流文化与多元文化互动的格局。

　　培育中华文化的创新力，提升中国文化的创造活力和贡献力。文化的创新力从文化创造的意义上成为强国文化的主导因素，是文化生生不息的内在动力；从内容建树上，文化创新力体现了国家的核心价值观念，既是对文化传统的继承又是不断的超越和创新；文化创新力在文化交流的意义上，成为全球公认的"文化硬通货"。美国之所以具有其他任何国家都无法比拟的强文化，就是其文化深深扎根于美国社会的同时又能适应新形势、包容新理念，它以自由作为价值观念的核心同时又吸收了非西方国家人才、美国少数族裔和原住居民的精英和文化，形成了包含底层文化创新基础架构建设、中层促进创新的市场化和顶层促进国家重点优先领域的发展和突破的战略架构，它所引发不仅是技术的创新，也是艺术的创新、商业的创新，归根结底是文化品牌的创新。作为继承了中华优秀传统和体现出"和谐"价值观的中国文化，在文化的创新上应该向美国文化的创新体系建设看齐，文化实力中的动员力和凝聚力不仅要表达对真和善的追求，还要包含对梦想的想象和表达，不仅包括了对核心意识形态的提炼和建设，还要包含对文化内容和表达形式的创新，只有在传承包容的基础上进行内容和形式的提炼和创新，才能是中国文化具备全球化背景下的号召力和魅力。鉴于此，中国要把培养文化创新力作为中国文化实力建设的核心，密切关注全球文化、经济和科研结合的前沿趋势，把数字化内容等技术含量高和附加值高的文化领域放在发展的首要位置，形成文化创新的动力机制。要培养有利于文化创新的社会心态和氛围，只有这样才能以面对多元文化的国际包容性，以更高的社会宽容度，以鼓励新潮和引领时尚的艺术敏锐度，以跨越学科和民族的人才培养，形成文化创新的心理机制。此外，中国要设置有效的战略和政策，鼓励更多的优秀人才和大量资源投入到文化创新的领域，通过不断完善的市场化机制，让社会和人才的各类投入在创新活动中获得最大的利益回报，形成文化创新的投入机制。

建立广泛的文化传播体系，扩大中国文化在全球的影响力。美国注重对主流文化的传播和宣扬，将主流文化浓缩在世界性的产品中，通过建立全球的销售网络以及媒体、娱乐、传播、数字化的宣传促销体系，在全球范围内具有广泛的影响力，使其成为世界文化的中心，比如麦当劳所体现的美国快捷方便的生活理念，美国西部品牌星巴克所展示的身临其境的体验文化，是对自由和生活品质的追求，通过强大的传播体系美国文化成为了全球的文化。而中国的文化则具有更多含蓄、神秘的特点，即便是我们具备了全球范围内的亲和力和包容性的文化体系，在全球传播的深度和广度也很有限。因此，提升中国文化的实力，应该把打造文化品牌、提升文化魅力、开展文化外交和建立传播网络作为重要的课题，在加强双边文化交流的同时积极开展多边的文化外交。中国更应以积极和高调的姿态参与到国际文化机制的建设，通过参与、修改和编订国际文化规范、规则来反映中国文化的主张，提升中国文化在全球的影响力和贡献力。

7.3　进一步研究的方向

第一，本书利用 Logistic 模型研究"文化适应"和制度距离对消费行为的影响，由于受到调研数据的限制，仅仅对中美两国消费者的蔬菜消费行为进行了实证检验，而没有推广到其他类别的消费品，使得实证检验相对单薄。在未来的研究中，可以将消费品的研究范围扩大，使得结果更具一般性和推广性。

第二，本书提出了包含 4 个变量的"文化适应"理论的研究框架，并对其进行了测量，但由于国内相关理论研究的缺乏，因此对测量方法的论证还有待进一步的完善。

第三，本书的理论模型限于描述截面上不同收入居民在"文化适应"和制度距离影响下的消费行为，通过微观行为的研究，寻找提升消费需求的途径。在理论框架的运用上，以凯恩斯的消费理论作为长期内从文化和制度角度研究消费行为的基础，用个人价值观的直接测量方法进行了论证，对微观消费行为和购买行为理论的借鉴和运用仍然不足。如何将微观的消费行为理论和消费心理学理论纳入研究框架，形成更加完备的宏观和微观的理论体系是今后应该进一步努力的方向。

第四，虽然提出了从文化角度提升消费需求、提高中国市场上消费水平的政策建议，但仍然缺乏具体落实的细则和方法，应该在未来的研究中不断的将其深入和细化。

附表
文化生活类型量表（CLSI）

1. Language spoken with grandparents

2. Language spoken with parents

3. Language spoken with siblings

4. Language spoken with spouse

5. Language spoken with children

6. Language used in prayer

7. Language spoken with friends

8. Language of newspapers and magazines read

9. Language of music listened to

10. Language of radio stations listened to

11. Language of television programs watched

12. Language of jokes familiar with

13. Ethnicity of friendship ties

14. Ethnicity of dates

15. Ethnicity of people with whom respondent attends social functions

16. Ethnicity of employees in stores at which respondent shops

17. Marriage partner preference

18. Ethnic holidays respondent observes

19. Ethnic foods respondent eats

20. Ethnicity of restaurants frequented by respondent 2

21. Language（s）respondent would teach/has taught his or her children

22. National anthem respondent knows

23. Culture respondent feels most proud of

24. Culture respondent criticizes the most

25. Culture respondent feels has had the most positive impacon his or her life

26. Ethnic background of individuals respondent admires the most

27. Ethnic composition of community respondent would most want to live

28. Ethnic names respondent would use for his or her children

参考文献

艾春荣，汪伟 .2008. 习惯偏好下的中国居民消费的过度敏感性 [J]. 数量经济技术经济研究，（11）：99-104.

安玉发，张浩，陈丽芬 .2009. 国外消费者对中国蔬菜的购买行为分析——以日本消费者为例 [J]. 农业技术经济，（4）：103-110.

陈东平 .2008. 以中国文化为视角的霍夫斯泰德跨文化研究及其评价 [J]. 江淮论坛，（1）：124-126.

陈利平 .2005. 高增长导致高储蓄：一个基于消费攀比的解释 [J]. 世界经济，（11）：3-9.

陈素琼 .2012. 美国农产品消费状况及影响因素分析 [J]. 农业展望，（11）：49-54.

陈学彬，杨凌，方松 .2005. 货币政策效应的微观基础——我国居民消费储蓄行为的实证研究分析 [J]. 复旦学报（社会科学版），（1）：42-54.

戴园晨，吴诗芬 .2001. 消费需求函数形成中的制度变迁因素 [J]. 经济学动态，（9）：19-22.

杜海韬，邓翔 .2005. 流动性约束和不确定性状态下的预防性储蓄研究——中国城乡居民的消费特征分析 [J]. 经济学（季刊），（2）：297-315.

樊潇彦，袁志刚，万广华 .2007. 收入风险对居民耐用品消费的影响 [J]. 经济研究，（4）：124-136.

方福前 .2009. 中国居民消费需求不足原因研究 [J]. 中国社会科学，（2）：68-82.

甘正中 .1987. 什么是凯恩斯真正的"消费倾向心理规律"——兼评《通论》

发表 50 周年以来消费函数理论的发展 [J]. 财经研究,（2）.

高梦滔, 毕岚岚, 师慧丽 .2008. 流动性约束、持久收入与农户消费——基于中国农村微观面板数据的经验研究 [J]. 统计研究,（6）: 48-55.

郭英彤, 张屹山 .2004. 预防动机对居民储蓄的影响——应用平行数据模型的实证分析 [J]. 数量经济技术经济研究,（6）: 128-134.

韩瑞霞, 等 .2013. 美国人对中国传统文化价值观认同度影响因素分析——基于一项对美国民众的国际调研 [J]. 上海交通大学学报（哲学社会科学版）,（1）: 52-58.

杭斌, 申春兰 .2004. 经济转型中消费与收入的长期均衡关系和短期动态关系——中国城镇居民消费行为的实证分析 [J]. 管理世界,（5）: 25-32.

何波 .2008. 北京市韩国人聚居区的特征及整合——以望京"韩国村"为例 [J]. 城市问题,（10）: 60-64.

何佳讯 .2012. 中国文化背景下消费行为的反向代际影响：一种新的品牌资产来源及结构 [J]. 南开管理评论,（4）: 129-140.

贺菊煌 .2000. 消费函数分析 [M]. 北京：社会科学文献出版社 .

贺菊煌 .2002. 个人生命分为三期的世代交叠模型 [J]. 数量经济技术经济研究,（4）: 45-55.

侯文杰 .2010. 内生消费、消费行为和消费——基于前景理论的分析 [D]. 天津：南开大学, 5 : 8-12.

侯媛媛 .2012. 我国蔬菜供需平衡研究 [D]. 西安：西北农林科技大学, 5 : 40-44.

花建, 等 .2013. 文化软实力——全球化背景下的强国之道 [M]. 上海：上海人民出版社 .

黄少安, 孙涛 .2005. 非正规制度、消费模式和代际交叠模型 [J]. 经济研究,（4）: 57-65.

黄泰岩 . 美 1993. 国居民的消费结构 [J]. 中国人民大学学报,（5）: 30-35.

胡雅梅 .2013. 中国居民消费倾向问题研究 [D]. 北京：中共中央党校, 6 : 38-42.

贾良定，陈秋霖.2001.消费行为模型及其政策含义 [J].经济研究,（3）:86-90.

靳明，赵昶.2008.绿色农产品消费意愿和消费行为分析 [J].中国农村经济,（5）:44-50.

金晓彤，杨晓东.2004.中国城镇居民消费行为变异的四个假说及其理论分析 [J].管理世界,（11）:5-14.

李圣军.2013.新时期农产品消费特点及发展趋势 [J].农业展望（5）:65-68.

李实，赵人伟.1999.中国居民收入分配再研究 [J].经济研究（4）:3-17.

李锁平.2005.中国蔬菜产业经济学分析与政策取向研究 [D].中国农业科学院.

李小西.1998.转轨经济中的消费行为及理论假说 [J].经济科学（4）:25-33.

林文芳.2011.县域城乡居民消费结构与收入关系分析 [J].统计研究（4）:49-56.

刘东皇.2011.中国居民消费的制约因素及增长绩效研究 [D].南京:南京大学,5:28-32.

刘建国.1999.我国农户消费倾向偏低的原因分析 [J].经济研究（3）:52-59.

刘金全，邵欣炜，崔畅.2003."预防性储蓄"动机的实证检验 [J].数量经济技术经济研究（1）:108-110.

刘灵芝，潘瑶，王雅鹏.2011.不确定性因素对农村居民消费的影响分析 [J].农业技术经济（12）:61-65.

刘日红.2010.金融危机难以根本改变美国消费模式 [J].对外贸易实务（10）:8-10.

刘文斌.2000.收入差距对消费需求的制约 [J].经济学动态（9）:13-19.

刘尚希.2011.扩大公共消费是改善社会公平的关键 [J].光明日报（11）:11.

刘伟，蔡志洲.2010.国内总需求结构矛盾与国民收入分配失衡 [J].经济学动态（7）:19-27.

刘兆博，马树才.2007.基于微观面板数据的中国农民预防性储蓄研究 [J].世界经济（2）:40-49.

龙志和，周浩明.2000.中国城镇居民预防性储蓄实证研究 [J].经济研究（11）:

33-38.

龙志和，王晓辉，孙艳 .2002. 中国城镇居民消费习惯形成实证分析 [J]. 经济科学（6）：29-35.

吕超 .2011. 我国蔬菜主产地形成及其经济效应研究 [D]. 南京：南京农业大学，（6）：28-30.

罗楚亮 .2006. 预防性动机与消费风险分散——农村居民消费行为的经验分析 [J]. 中国农村经济（4）：12-19.

马骊，孙敬水 .2008. 我国居民消费与收入关系的空间自回归模型研究 [J]. 管理世界（1）：168-170.

马树才，刘兆博 .2006. 中国农民消费行为影响因素分析 [J]. 数量经济技术经济研究（5）：20-24.

马双，臧文斌，甘犁 .2010. 新型农村合作医疗保险对农村居民食物消费的影响分析 [J]. 经济学（季刊）（10）：252-256.

那艺 .2009. 行为消费理论的拓展与应用研究——以中国居民消费数据为例 [D]. 天津：南开大学，5：20-34.

潘煜 .2009. 中国传统价值观与顾客感知价值对中国消费者消费行为的影响 [J]. 上海交通大学学报（哲学社会科学版）（3）：54-57.

潘镇，殷华方，鲁明鸿 .2008. 制度距离对于外资企业绩效的影响——一项基于生存分析的实证研究 [J]. 管理世界（7）：108-109.

齐福全，王志伟 .2007. 北京市农村居民消费习惯实证分析 . 中国农村经济（7）：53-59.

沈坤荣，谢勇 .2011. 中国居民储蓄率的特征事实及其政策含义 [J]. 上海金融（12）：14-18.

沈晓栋，赵卫亚 . 2005. 我国城镇居民消费与收入的动态关系——基于非参数回归模型的实证分析 [J]. 经济科学（1）：18-26.

施建淮，朱海婷 .2004. 中国城市居民预防性储蓄及预防性动机强度：1999-2003[J]. 经济研究（10）：66-74.

史献辞，宗刚 .2005. 我国居民平均消费倾向下降的制度因素解释 [J]. 改革与战略（3）：30-33.

施雯 .2005. 我国居民消费倾向变动的趋势和原因探析 [J]. 学术交流（7）：128-
132.

宋铮 .1999. 中国居民储蓄行为研究 [J]. 金融研究 .（6）：46-50.

田青 .2008. 我国城镇居民收入与消费关系的协整检验——基于不同收入阶层
的实证分析 [J]. 消费经济，（3）：7-10.

万广华，张菌，牛建高 .2001. 流动性约束、不确定性与中国居民消费 [J]. 经济
研究（11）：35-44.

万广华，史清华，汤树梅 .2003. 转型经济中农户储蓄行为：中国农村的实证
研究 [J].（5）：3-13.

王德文，蔡防，张学辉 .2004. 人口转变的储蓄效应和增长效应——论中国增
长可持续性的人口因素 [J]. 人口研究（5）：2-11.

王端 .2000. 下岗风险与消费需求 [J]. 经济研究（2）：72-76.

王海忠，于春玲，赵平 . 品 2006. 牌资产的消费者模式与产品市场产出模式的
关系 [J]. 管理世界（1）：107-112.

王金营，付秀彬 .2006. 考虑人口年龄结构变动的中国消费函数计量分析——
兼论中国人口老龄化对消费的影响 [J]. 人口研究（1）：29-36.

王俊芳 .2013. 加拿大多元文化主义政策 [M]. 北京：中国社会科学出版社 .

王军 .2001. 中国消费函数的实证分析及其思考 [J]. 财经研究（7）：3-5.

王宋涛，吴超林 .2012. 收入分配对我国居民总消费的影响分析——基于边际
消费倾向的理论和实证研究 [J]. 经济评论（6）：44-50.

王霞 . 2012. 人口年龄结构变动与中国居民消费：伦理与实证 [D]. 杭州：浙江
大学，3：21-30.

吴瑾，周博雅 .2011. 改革开放以来我国居民消费结构的动态分析 [J]. 统计与决
策（11）：133-136.

吴易风，钱敏泽 .2004. 影响消费需求因素的实证分析 [J]. 经济理论与经济管理
（2）：13-16.

谢平 .2000. 经济制度变迁和个人储蓄行为 [J]. 财贸经济（10）：15-20.

许永兵 .2000. 扩大内需关键是提高居民消费倾向 [J]. 经济学家（3）：42–46.

杨青松 .2011. 农产品流通模式研究：以蔬菜为例 [D]. 北京：中国社会科学院，5：112–114.

杨汝岱，朱诗娥 .2007. 公平与效率不可兼得吗 ?——基于居民 MPC 的研究 [J]. 经济研究（12）：47–58.

杨锦秀 .2005. 中国蔬菜产业的经济学分析 [D]. 重庆：西南财经大学，5：78.

叶德珠，连玉君 .2012. 消费文化、认知偏差与消费行为偏差 [J]. 经济研究（2）：81–90.

叶海云 .2000. 试论流动性约束、短视行为与我国消费需求疲软的关系 [J]. 经济研究（11）：39–44.

易行健，王俊海，易君健 .2008. 预防性储蓄动机强度的时序变化与地区差异 [J]. 经济研究（2）：119–131.

余永定，李军 .2000. 中国居民消费函数的理论与验证 [J]. 中国社会科学（1）：123–134.

袁志刚，宋铮 .2000. 人口年龄结构、养老保险制度与最优储蓄率 [J]. 经济研究（11）：24–32.

袁志刚，朱国林 .2002. 消费理论中的收入分配与总消费 [J]. 中国社会科学（2）：69–79.

张梦霞 .2005. 象征型购买行为的儒家文化价值观诠释——概念界定、度量、建模和营销策略建议 [J]. 中国工业经济（3）：105–107.

张梦霞 .2005. 消费者购买行为的中西价值观动因比较研究 [J]. 经济管理（新管理）（8）：4–11.

张黎 .2007. 从国外品牌手机的购买意愿看 Fishbein 模型的适用性以及文化适应的影响 [J]. 管理科学（2）：31–36.

张峭，王克 .2006. 中国蔬菜消费现状分析与预测 [J]. 农业展望（10）：28–31.

臧旭恒 .1994. 居民跨时预算约束与消费函数假定及验证 [J]. 经济研究（9）：51–59.

赵军 .2012. 跨文化交际：认知差异与文化语言习得 [M]. 北京：北京大学出

版社.

赵志君.1996.中国消费者行为与消费函数[J].数量经济技术经济研,（11）：67-69.

郑信哲，张丽娜.2008.略论北京望京地区韩国人与当地汉族居民的关系[J].当代韩国（3）：55-61.

周洁红.2005.生鲜蔬菜质量安全管理问题研究——以浙江省为例[D].杭州：浙江大学，4：82-88.

周绍杰，等.2010.中国城市居民的预防性储蓄行为研究[J].世界经济（8）：112-122.

朱国林，范建勇，严燕.2002.中国的消费不振与收入差距：理论和数据[J].经济研究（5）：72-80

朱捍华，季瑞国.2007.试论中国当代消费文化的现状和发展态势[J].西南民族大学学报（1）：191-195.

朱孟晓.2010.我国居民消费倾向变化及其原因[D].济南：山东大学，4：44-56.

朱颖，2006.美国储蓄不足和全球储蓄过剩是美国贸易逆差产生的根本原因[J].国际贸易问题（8）：7.

庄贵军，周南，周连喜.2006.国货意识、品牌特性与消费者本土品牌偏好——一个跨行业产品的实证检验[J].管理世界，（7）：85-94.

张晶，Ramu Govindasamy，张利庠.2013."文化适应"对消费者购买行为的影响[J].经济理论与经济管理（12）：43-47.

A Kara, NR Kara. 1996. Ethnicity and Consumer Choice: A Study of Hispanic Decision Processes Across Different Acculturation Levels[J]. Journal of Applied Business Research, 12 (2) : 22-35.

Andrew J Newman, Siti Z Sahak. 2012. Purchasing Patterns of Migrant groups: The Impact of Acculturation on Ethnocentric Behaviors[J]. Journal of Applied Social Psychology, 42（7）: 1 551-1 575.

C J Thompson, S K Tambyah. Trying to Be Cosmopolitan[J]. Journal of Consumer

Research, 1999, 26 (3) : 214–241.

D Allen, M Friedman. 2005. Deeper Look into The U.S. Hispanic Market. Hispanic marketing and public relations[M]. Boca Raton: Poyeen Publishing.

DA Rosenthal, SS Feldman. 2005. The Nature and Stability of Ethnic Identity in Chinese Youth: Effects of Length of Residence in Two Cultural Contexts[J]. Journal of Cross-Cultural Psychology, 23 (2) : 214–231.

Dawn Lerman, Rachel Maldonado, David Luna. 2009. A theory-based measure of acculturation: The shortened cultural life style inventory[J]. Journal of Business Research, 62 (4) : 399–406.

Deaton, A.1991. Saving and liquidity Constraints [J].Econometrica, 59 (5): 1 121–1 142.

Dells Valle, Philip A., Oguchi, Noriyoshi. Distributional, the Aggregate Consumption Function, and the Level of Economic Development: Some Cross-Country Results[J]. J.P E. 84, No.6 (December 1976) : 1 325–1 334.

Denise T. Ogden, Hope Jensen Schau. 2004. Exploring the Impact of Culture and Acculturation on Consumer Purchase Decisions: Toward a Micro-cultural Perspective[J].Academy of Marketing Science Review, 3: 255–277.

Donnel A. Briley, Robert S. Wyer. 2000. Transitory Determinants of Values and Decisions: The Utility (or Nonutility) of Individualism and Collectivism in Understanding Cultural Differences[R]. Hong Kong: Hong Kong University of Science and Technology.

D. T. Ogden. 2005. Hispanic versus Anglo Male Dominance in Purchase Decisions[J]. Journal of Product & Brand Management, 14 (2/3) : 98–105.

Duessenberry, J. S. 1949. Income, Saving, and the Theory of Consumer Behavior[M]. Cambridge, Mass. : Harvard University Press.

D. W. Schumann. 2002. Media and Market Segmentation Strategies as Contributing Factors To Restricted Exposure To Diversity: A Discussion of potential societal consequence[R]. New York: Keynote address to the 21st annual advertising and consumer psychology conference.

E C Hirschman.1981. American Jewish Ethnicity: Its Relationship to Some Select-
ed Aspects of Consumer behavior[J]. The Journal of Marketing, (45): 102–110.

Engen E, J Gruber. 1995. Unemployment Insurance and Precautionary Saving[R].
NBER Working Paper No. 52.

Flavin, M. 1981. The adjustment of consumption to changing expectations about
future income[J]. Journal of Political Economy, (89): 974–1 009.

Friedman M.1957.A Theory of the Consumption Function [M].Princeton, NJ:
Princeton university Press.

G Ganesh. 1974. Spousal Influence in Consumer Decisions: A Study of Cultural
Assimilation[J]. Journal of Consumer Marketing, 14 (2): 132–155.

Gruber J, A Yelowitz. 1999. Public Health Insurance and Private Savings[J]. Journal
of Political Economy, 107 (6), 1 249 –1 274.

G McCracken. 1986. Culture And Consumption: A Theoretical Account of The
Structure And Movement of The Cultural Meaning of Consumer Goods[J].
Journal of Consumer Research, 13: 71–84.

Hall R E.1978. Stochastic Implications of the Life Cycle-Permanent Income
Hypothesis: Theory and Evidence [J].Journal of Political Economy, 86(12): 971–
987.

Ho D Y F. 1977. On the Concept of Face[J].American Journal of Sociology, (4):
867–884.

H Valencia.1989. Hispanic values and Subcultural Research[J].Journal of Academy
of Marketing Science, 17 (1): 23–28.

J A Howard, J N Sheth. 1969. The Theory of Buyer Behavior Research Paradigm[J].
Journal of Business Research, 60 (3): 249–259.

J C Usunier. 2000. Marketing Across Cultures[M]. Harlow, England: Pearson
Education Ltd.

J Kang, Y Kim.1998. Ethnicity And Acculturation: Influences on Asian American

Consumers' Purchase Decision Making for Social Clothes[J]. Journal of Science Research, 27: 91–117.

J W Berry. 1970. Marginality Stress and Ethnic Identification in an Acculturated Aboriginal Community[J].Journal of Cross-cultural psychology, 239–252.

J W Gentry, S Jun, P Tansuhaj. 1995. Consumer Acculturation Processes and Cultural Conflict: How Generalizable is a North American Model for Marketing Globally?[J]. Journal of Business Research, 32 (2) : 129–139.

J S Phinney. 1992. The Multi-group Ethnic Identity Measure: A New Scale for Use with Diverse Group[J]. Journal of Adolescent Research, 7: 156–176.

J S Phinney. 1990. Ethnic Identity in Adolescents and Adults: Review of Research[J]. Psychological bulletin, 108 (3) : 499–514.

Keynes J M.1936. The General Theory of Employment, Interest and Money [M]. London MacMillan.

K L Granzin, J E Olsen. 1998. Americans' Choice of Domestic over Foreign Products: A Matter of Helping Behavior[J].Journal of Business Research, 43: 39–54.

Kyle A Huggins, Betsy B Holloway, Darin W White. 2013. Cross-cultural Effects in E-retailing: The Moderating Role of Cultural Confinement in Differentiating Mexican from Non-Mexican Hispanic Consumers[J]. Journal of Business Research, (66) : 321–327.

Leland H E.1968. Saving and Uncertainty: The Precautionary Demand for Saving[J]. Quarterly Journal of Economics, 57 (3) : 337–367.

L Peñaloza. 1994. Atravesando Fronteras/Border Crossing: Acritical Ethnographic Exploration of the Consumer Acculturation of Mexican Immigrants[J].Journal of Consumer Research, 21 (2) : 32–50.

L R Oswald. 1999. Culture Swapping: Consumption And The Ethnogenesis of Middle-class Haitian immigrants[J]. Journal of Consumer Research, 25 (4) : 303 –318.

Lucas R E.1988. On the Mechanics of Economic Development[J].Journal of Monetary Economics, (22) : 3–42.

Mark Clevelanda, Michel Laroche. 2007. Acculturaton to the Global Consumer Culture: Scale Development and d Research Paradigm[J]. Journal of Business Research, 60 (3): 249–259.

Mark Cleveland, Michel Laroche, Frank Pons, Rony Kastoun. 2009. Acculturation and Consumption: Textures of Cultural Adaptation[J]. International Journal of Intercultural Relations, (3): 196–212.

M De Mooij. 2004. Consumer Behavior and Culture: Consequences for Global Marketing and Advertising[M].Thousand Oaks, CA: Sage Publications.Inc .

M Laroche, C Kim, M Hui, MA Tomiuk. 1997. A Multidimensional Perspective on Acculturation and Its Relative Impact on Consumption of Convenience Foods[J]. Journal of International Consumer Marketing, 10 (1/2): 33–58.

Modigliani F, Brumberg R. Utility Analysis and The Consumption Function: An Interpretation of the Cross Section Data [M]. In KuriharaK.K. (ed): Post-Keynesian Economics. 1954. New Brunswick, NJ: Rutgers University Press: 388–436.

Modigliani F, Cao S L. 2004. The Chinese Saving Puzzle and The Life-Cycle Hypothesis[J].Journal of Economic Literature, 42 (1): 145–170.

N Singh, A Pereira. 2005. The Culturally Customized Web Site: Customizing Web Sites for The Global Marketplace[M]. Burlington: Elsevier Butterworth-Heine-mann.

Petra Riefler, A Diamantopoulos.2007. Consumer Animosity: A Literature Review and A Reconsideration of Its Measurement[J].International Marketing Review, (4): 87–119.

P Roslow, AF Nicholls. 1996. Targeting the Hispanic Market: Comparative Persuasion of TV Commercials in Spanish and English[J]. Journal of Advertising Research, 36 (3): 67–77.

RH Mendoza. 1989. An Empirical Scale to Measure Type and Degree of Accultur-ation in Mexican-American Adolescents and Adults[J]. Journal of Cross-Cultural

Psychology, 20 (4) : 372–85.

S Askegaard, E J Arnould, D Kjeldgaard.2005. Post-assimilationist Ethnic Consumer Research: Qualifications And Extensions[J]. Journal of Consumer Behavior, 32 (1) : 160–170.

S E Keefe, A M Padilla. 1987. Chicano Ethnicity. Albuquerque[M].NM: University of New Mexico Press.

Shang-Jin Wei, Xiao-bo Zhang.Sex Ratios, Entrepreneurship, and Economic Growth in the People's Republic of China[J]. National Bureau of Economic Research, Working Paper: 16 800.

S Koslow, PN Shamdasani. 1994. Touchstone EE. Exploring Language Effects in Ethnic Advertising: A Sociolinguistic Perspective[J]. Journal of Consumer Research, 20 (4) : 575–585.

S Rose, P Samouel. 2009. Internal Psychological Versus External Market-driven Determinants of the Amount of Consumer information search amongst online shoppers[J].Journal of Marketing Management.

S Sharma, T A Shimp, J Shin. 1995. Consumer Ethnocentrism: A Test f Antecedents and Moderators[J]. Journal of the academy of marketing science, 23 : 26–37.

Theodore Levitt. 1983. The Marketing Imagination[M]. New York/London: The Free Press.

U Hannerz. 1990. Cosmopolitans and locals in World Culture[J]. Theory, culture and society, 7 (2–3) : 237–251.

VG Perry. 2008. Acculturation, Microculture and Banking: An Analysis of Hispanic Consumers in the USA[J]. Journal of Services Market, 22 (6) : 423–433.

Wong N Y, Ahuvia A C. 1998. Personal Taste and Family Face: Luxury Consumption in Confucian and Western Societies[J] .Psychology &Marketing, 15 (5) : 423–441.

Xiujuan Peng. 2008. Demographic shift, population ageing and economic growth in China: a computable general equilibrium analysis[J]. Pacific Economic Review,

(12)：680-697.

Yvette Reisinger, Lindsay W. Turner. 2005. Cross-cultural behaviour in tourism: concepts and analysis[M]. 朱路平，译. 南开大学出版社.

Zhang M, Jolibert A. 2000. Culture Chinoise Traditionnelle et Comportement de Consomation [J]. Decision Marketing, Jan. France: 85-92.

后 记

　　本书在作者博士论文基础上修改完成，写到此处，已经接近尾声。在此书撰写过程中，有太多的思考和探索无法用只言片语完全表达，谨以此感谢悉心指导的众位师长和亲友，并记录此间的思考和成长。

　　感谢我的导师张利庠教授，在硕士和博士的五年时间里，传授我农业经济领域的知识，教会我做人做事的道理，纠正了我的错误，容忍了我的过失，使我真正地成长起来，为我开启了一个全新的广阔天地。感谢美国交换期间的导师 Dr.Govindasamy 和同学们，他（她）们给予我的无私帮助和学术上的支持，使我获得了独一无二的数据资料和美好难忘的生活经历。感谢爷爷奶奶、感谢父母、感谢兄嫂以及所有亲人，他（她）们的爱护、关怀、体谅和辛苦付出，包容了我的任性，为我创造了最好的生活和成长环境，让我没有任何负担地投入到学术研究和论文写作中。感谢同门的海川师兄、斯文师妹、一江师弟、士星师弟、录安师弟，协助我完成前期的调研工作，并在研究方式上给予无私的支持和反复的修正；感谢中国人民大学农业与农村发展学院的所有老师，站在巨人的肩膀上，是此项研究顺利完成的基础；感谢同宿舍的姐妹、同班的同学陪我度过了一千多个充实而快乐的日子。

　　写作期间思考了许多、成长了许多，仍然困惑，仍有遗憾，唯有以自强不息和不断奋斗继续自勉，更加谦虚、更加善良、更加坚强、更加无畏地走好人生每一步！

张　晶

2017 年 9 月